鼓励说幸福

阿依古丽幸福观

阿依古丽 著

中国书籍出版社
China Book Press

图书在版编目(CIP)数据

鼓励说幸福：阿依古丽幸福观 / 阿依古丽著. -- 北京：中国书籍出版社，2020.12
 ISBN 978-7-5068-8209-5

Ⅰ.①鼓… Ⅱ.①阿… Ⅲ.①幸福-通俗读物 Ⅳ.① B82-49

中国版本图书馆 CIP 数据核字（2020）第 246471 号

鼓励说幸福：阿依古丽幸福观

阿依古丽　著

图书策划	谭　鹏　武　斌
责任编辑	毕　磊
责任印制	孙马飞　马　芝
封面设计	刘红刚
出版发行	中国书籍出版社
地　　址	北京市丰台区三路居路 97 号（邮编：100073）
电　　话	（010）52257143（总编室）　（010）52257140（发行部）
电子邮箱	eo@chinabp.com.cn
经　　销	全国新华书店
印　　刷	三河市铭浩彩色印装有限公司
开　　本	787 毫米 ×1092 毫米　1/16
印　　张	17.5
字　　数	201 千字
版　　次	2021 年 5 月第 1 版　2021 年 5 月第 1 次印刷
书　　号	ISBN 978-7-5068-8209-5
定　　价	49.00 元

版权所有　翻印必究

序

对女性来说，幸福意味着什么？我们又该如何去寻找幸福？阿依古丽的书给我带来了很大的感触。

列夫·托尔斯泰曾经说过："幸福的家庭都是相似的，不幸的家庭各有各的不幸。"可见，家庭对人的幸福，尤其对女性的幸福，是至关重要的。我们每个人都有家庭，有父母，有子女，有亲属，有爱，当然也会有伤害。

从幸福的原生家庭中出来的女性，自信、乐观、心中有爱，她们会对自己组建的新生家庭充满期待，带着原生家庭给予她的爱和力量去呵护这个新的家庭。她们懂得孩子需要的理解与尊重，也毫不吝啬于对丈夫的赞美和鼓励。她们经营家庭，经营爱情，也经营着自己的幸福。

不幸的原生家庭，对女性幸福的影响同样巨大。只不过，它的影响是负面的，是不幸的。原生家庭幸福的缺失，很容易给我们带来程度不一的心理创伤，这些创伤削弱了我们从小到大的幸福感。更糟糕的是，它的影响并不仅限于此。当我们长大后与爱人建立新的家庭，

鼓励说幸福——阿依古丽幸福观

曾经不幸的影响也会尾随而至。正因为如此，我们需要学会与原生家庭和解，这也是阿依古丽所说的，要"超越自我，改写人生剧本"，"重写我们的成长故事"，从和谐的婚姻和家庭生活中找到幸福。

除了家庭之外，作为新时代的独立女性，我们的幸福更应该建立于自身的坚强与优雅之上。这一点，我与阿依古丽的幸福观不谋而合。

一直以来，女性都被认为是柔弱的代名词，我们尽量温柔和小心翼翼，想从别人身上得到更多的安全感；我们努力"为悦己者容"，却忽略了让自己开心；我们习惯于将自己的幸福寄托于婚姻与家庭，却忘了要活出自己的精彩。

其实，无论是原生家庭中的父母、兄弟姐妹和亲人，还是新生家庭中的爱人与孩子，这些都不应该成为女性幸福与否的决定因素。女性的幸福，应该掌握在自己手中。

作为女性，要学会以才情和智慧来装扮自己，即使在困难与挑战面前也要勇敢坚强，乘风破浪，以优雅的姿态活出最美的自己。这是我在阿依古丽的书中得到的感悟，也是我最想与读者分享的一点幸福观。

汪国真的《嫁给幸福》中有这样一句诗："要输就输给追求，要嫁就嫁给幸福。"我们每个人都渴望幸福、追求幸福，然而获得幸福的能力不是人人都有的。希望每一位读者，都能在阿依古丽的幸福观中找到通往幸福的道路，遇见幸福，遇见更好的自己。

著名评书表演艺术家 刘兰芳

2020 年 12 月

好女人自然有上天来宠

"祝福你们！"婚礼上的挚友们都那么真诚地祝福新人。

不过，越来越华丽的婚纱，越来越巨大的红包，越来越机智煽情的司仪，以及越来越奢靡的婚庆现场，都镇不住脆弱的婚姻。留住幸福瞬间、找到幸福源泉真的好难！

2020年，中国离婚率又创新高！财产问题不断复杂，买房压力蹭蹭上涨，父母拿出所有血汗钱的婚礼，很可能因为一次剧烈的争吵或者一个婚内错误，就制造出怨侣冤家和恶毒官司的。

大婚时的幸福期盼，以后再看竟是痛苦的开始——有人后悔结婚，有人咒骂异性，有人消极绝望，有人看破红尘……这一切，又回到千年的话题：婚姻是爱的坟墓。

在不婚、恐婚盛行，在婚前财产公证、丁克盛行，在很多人挣扎在离婚边缘的社会氛围中，阿依古丽女士写下一本书《鼓励说幸

鼓励说幸福——阿依古丽幸福观

福》，她反复强调"不是人生编剧，也能改写剧本；不曾国色天香，也要璀璨绽放；没有婚姻秘笈，也能让爱永恒"。她相信，以自己兼济天下的正心正念，可以改变命运，因为智慧的爱能穿越时空。

借用疫情中流行的一句话：正气内存，邪不可干。

一个女子修炼好自己，便能调理好与丈夫的关系。一个家庭有元气有底气，便能抗击外来因素的搅扰和入侵。夫妻同心磨炼定力，便能给孩子一个健康的原生家庭，而不会在众多培训机构和家长制造出来的深度焦虑中迷失自己。

好像很难！

因为现代女子，很容易在心底建立起对爱情、伴侣和未来生活的理想主义。

在中国古代的大家庭里，有大房二房五房，有嫡出庶出，而且重男轻女。女孩子在出生后不久就必须适应一个等级森严、弱肉强食的小社会，想平安长大，就要竞争，就要忍让，在缝隙中求生。更有从出生开始就接受的一夫一妻多妾、包小脚和女子无才便是德。无论什么污泥浊水、藏污纳垢，女人都能忍，即使她们也有万丈豪情也有男儿的智商情商，但她们都化百炼钢为绕指柔，在恶劣的环境下曲折前行，争取自己的权益，并获得幸福。

我们这几代女子很幸运，经过妇女解放运动，摆脱了一夫一妻多妾制和男尊女卑的枷锁；但也有遗憾，那就是，没有了前人的演兵场。简单的家庭关系、沉重的学习压力、职场中的艰难探索……对于人生的后花园呢，有的多是读琼瑶、三毛，看韩剧、穿越剧得来的幸

好女人自然有上天来宠

福观：小时候是爸妈的公主，长大就应该是丈夫的公主，我为他付出爱情，他要把我放在第一位。

高期待导致大失望。理想主义在冷酷的现实面前，往往不堪一击。有一个不公平的悖论：越是不世俗——把圣洁的爱情放到高于一切位置的女性，越容易遭遇"渣男"。在爱情和婚姻中，并不像学习或者种地那样，一分付出一分收获。那些为了爱情失去自我一味牺牲的女性往往会成为悲剧的女主角。

最终，为了爱情可以放弃大城市的生活，可以不在意对方无房无车无钱，可以奉献自己，可以赔上一切。得到的结果，往往是从爱人"手心的宝"，活成了对方躲避而嫌弃的黄脸婆。他们有的任性挥霍肆无忌惮，有的克服不了下半身的冲动，有的酒后失德打老婆打孩子，有的像巨婴般日复一日地躲在房中打电游，也有的成了陈世美。如此种种，欲说还休……

正所谓"有无相生，难易相成，长短相形，高下相倾，音声相和，前后相随"，当年期待的长长久久的蜜里调油、神仙眷属、鹣鲽情深、琴瑟和鸣，得到的是另一面：或是失魂隐忍，或是一地鸡毛，或是暴风骤雨，或是阴惨森森，多数貌似和美的家庭背后都有一个深渊，只是别人没有仔细去翻看那些陈年账本。

到底要不要下最后的决断？毕竟决绝总比坚守容易。没有扭转苦难的心力就没有达到相对幸福的恒定。当下岗的人没有再就业能力的时候，即使一时上岗，终会下岗。当失恋的人没有再恋爱的能力的时候，即使介绍成了，终究无法长久。当有了孩子的家庭离散了，如果没有经营家庭的能力，即使一时闪婚，最后还会重复苦难。

鼓励说幸福——阿依古丽幸福观

君不见，地球上最靠近太阳的喜马拉雅山8848米，而马里亚纳海沟沉陷在地平线下11034米，将地球最高的山峰填入最深的海洋，仍有两千多米的黑暗。君不见，人类即使在地球轨道上建立太空站，高于我们头顶400公里左右航天员可以太空行走，出舱维修，但人类在海底，竟然没有哪个潜水员能下沉到海下10公里的地方游弋。君不见，银河系有两千亿颗恒星，整个质量的70%却是光线无法穿过的暗物质和暗能量。

我们这颗蓝色星球，在"黑暗是绝对的，光明是相对的"可怕真实中孕育生命已经有35亿年，人类恰恰在大黑暗大劫难中，活出了自己灿烂的文明！

认识婚姻认识另一半是认识世界、认识时代、认识现实真相的一部分。当春暖花开了，升温就是绝对的，寒潮是相对的。当冬天来了，降温是绝对的，一时的暖空气来袭就是相对的。分清大是大非的问题，带着少女时的理想主义，却必须用现实的手术刀来处理自己婚姻的问题了！

在生命的赞美诗中，我们每个家庭都像一艘小小的航天器，穿梭于光明与黑暗。宇宙风暴与陨石雨一阵紧似一阵，初入江湖的我们，既要吟唱有光有爱有期待，而更需主动磨砺把握方向险中求胜的本事。面对莫测的外部世界，难道不是两个人在一起默契配合更易保存实力、安全抵达彼岸？

两个人的战争，真是另外一个课堂。试卷发下来，每道考题看似容易，实则各种暗坑和弯弯绕。没有正确答案，所有例题都只能活学活用，更没有电视节目里的亲友团。既不能像个精算师，当个精致

好女人自然有上天来宠

的利己主义者和貔貅，最后往往聪明反被聪明误；也不能高举爱的大旗，像个糊里糊涂的傻白甜，随便就能被组了团的心机女和渣男们骗得一无所有。

这真是一个时代命题，环绕四周都是独生子女的婚姻，除了总想越俎代庖亲自上阵，往往把事情搅坏的父母，根本没有年龄相仿可以互诉衷肠的手足姐妹。有一些闺蜜，但也半斤八两，除了相对喝酒大哭一场，将心口的郁闷发泄一番，第二天醒来，还是要面对残酷的生活，和未来漫长的日日夜夜。

当一个好女人，学会辩证法——这是另一种成长——心灵的成长更艰难，也更有魅力。

没有其他出路，正如阿依古丽老师说的那样，人生就像是一场修行，我们不断修正自己的不良的言行与习惯，让自己身上多一些阳光的正能量，超越原生家庭给我们留下的不好的影响，治愈心灵上的创伤，重写我们的成长故事。

当我们挺起自己的脊梁，对这个不完美的世界报以微笑，感恩他带给自己的成长的时候，你也许并未穿着当年华丽的婚纱，却自带太阳的光芒，用自信的温暖洒向充满倦意的朋友与亲人。这时候，你是最美的女人，你的魅力不怕岁月的消磨——就像希望帮助更多女孩子的阿依古丽老师一样——好女人自然会有上天来宠。

《中国青年报》高级记者 堵力

鼓励说幸福：阿依古丽幸福观

幸福，多么简单的两个字，却是人们终其一生孜孜追寻的东西。拥有幸福何其简单，父母的一句鼓励、爱人的一个拥抱，幸福仿佛就在身边环绕，触手可及。获得幸福又何其不易，家庭的琐事、生活的艰辛、婚姻的困惑，幸福宛若远在天边，遥不可及。

幸福，到底是什么？是积累的财富？是收获的知识？是亲人的呵护？是朋友相聚的欢愉？是爱人的拥抱？还是其他？其实，幸福有着千百面，每个人对幸福的定义各不相同，每个人对幸福的领悟也千差万别。但可以肯定的是，幸福是一种状态，更是一种力量，它犹如拥有魔法一般，吸引着人们为之努力和奋进。因为人们一直相信，心中坚持幸福观，幸福终会来敲门！

记得小时候姥爷讲过很多励志故事，比如勤劳、善良、勇敢的人，大多都是从无到有、从小到大去努力直至成功，以及我的父母助人为乐的言传身教，20世纪50年代初大学毕业身为医生的父亲对患

鼓励说幸福——阿依古丽幸福观

者的用心,都给我很多启迪!让我在后来的人生路上都不断坚强和坚持,无论是在部队的演出队做歌手,还是后来通过学习成为医美医生的十年,还是2006年因为颈椎病改行成为晚会导演,或者是十年前登上《星光大道》拿到亚军的成绩,甚至更多的比赛和更多的荣誉……这些,都离不开积极进取和乐观向上的心态,是活到老学到老的生活态度,也是热爱生活尊重生命的体现,更是不断追求幸福的过程!

作为芸芸众生中的一员,我们又该坚持怎样的幸福观,做出怎样的努力,才能敞开大门,拥抱幸福呢?首先,在原生家庭中,我们要超越自我,改写人生剧本;在生活中,我们要做铿锵玫瑰,在阳光下璀璨绽放;在婚姻中,我们要用心经营四季婚姻,让春夏秋冬皆有爱。

在原生家庭中超越自我,就要了解我们赖以生存的家庭;要知道白璧微瑕,不可求全责备;要逆向回归,重写我们的成长故事;要超越原生家庭的养育,给予孩子父母之爱;要引领孩子未来,做智慧型父母。在生活中做璀璨绽放的玫瑰,就要不断提升自己,拥有才情,让自己不被岁月打败;即使经历风浪,也要勇敢面对,并且微笑如花。让婚姻中充满温情爱意,就要经营好四季婚姻,让婚姻布满浓情蜜意,如春风般温暖,夏花般热烈;即使遭遇秋霜冬雪,也要让婚姻依然温情四溢。

本书为你诠释幸福的观念,为你指出获得幸福的途径,希望能为还在迷茫中追寻幸福的你点亮一盏明灯,愿你与所有幸福都不期而遇,愿你所有美好都如约而至!

作者
2020年11月

目录

超越自我，改写人生剧本

以爱之名，我们赖以生存的家庭 003

家庭的延续与结构 005

从父母到同胞，家庭的核心成员与关系 008

从诞生到解体，家庭的生命周期 013

原生家庭与再生家庭 019

解读家庭系统的特征 025

鼓励说幸福——阿依古丽幸福观

白璧微瑕，有缺失的原生家庭 031

我最爱的人，却伤我最深 033
原生家庭对我们的影响有多大 037
那些源自原生家庭的心理创伤 042
原生家庭中的角色错位 046
长大后，我就成了你 050
缘何原生家庭会伤人 055

逆向回归，重写我们的成长故事 061

借爱的能量与创伤对抗 063
敞开胸怀，拥抱更多人生选择 067
寻求新的与原生家庭相处、和解之道 071
重塑新的家庭生长周期 074

父母之爱，超越原生家庭的养育 079

好的原生家庭是什么样的 081
终结原生家庭之伤，营造和谐家庭氛围 087
为和谐家庭立法 093
让孩子知道你很重视他 099
常与孩子沟通谈心，与孩子建立亲密关系 105

智慧父母，引领孩子未来 111

充分尊重孩子，做孩子的好朋友 113
培养孩子自信，让孩子更有担当 119
引导孩子劳动，树立孩子责任心 123
以身作则，修炼孩子强大的内心 126
爱运动的孩子更乐观 130
塑造孩子良好的体态，提升孩子的气质 135

铿锵玫瑰，在阳光下璀璨绽放

唯有才情，不被岁月打败 143

才情，女人永远的时尚新衣 145
腹有诗书气自华 149
优雅绽放，遇见更好的自己 152
最好的美容产品是开心和快乐 155
韶华易逝，美好的事物最值得 159

鼓励说幸福——阿依古丽幸福观

容颜易老，智慧永存 162
寂寞之后，才是花开 165
用绝望的过去，成就欣喜的自己 169

乘风破浪，也要笑颜如花 173

可以很温柔，也要很坚强 175
突出个性，彰显魅力 178
抛开面具，活出精彩的自己 182
你若坚持，终将美好 186
所谓的安全感，只源于自己 190
厚积薄发，才能自信从容 193

四季婚姻，让春夏秋冬皆有爱

春风夏花，婚姻布满浓情蜜意 199

年轻女孩子如何选对另一半 201
解读爱情与婚姻的关系 205

白头偕老的秘密 208

经营爱情，需要适度牺牲 212

理解和尊重才是真正的爱 215

接受他的平凡 219

学会沉默，停止唠叨 223

赞美和鼓励不可少 226

秋叶冬雪，婚姻依然温情四溢 231

关于出轨你所不知的秘密 233

对他的出轨进行狭隘的报复不可取 237

交流，是夫妻关系的调和剂 240

婚姻里没有谁对谁错 242

两个人的问题需要两个人来解决 244

找对方法，重建幸福 246

参考文献 251
和母亲保持沟通，令我受益终身 253
后记 258

鼓励说幸福：阿依古丽幸福观

超越自我，改写人生剧本

成为自己人生的创造者，在顺境中警惕，在逆境中努力，超越自我，改写人生剧本。

鼓励说幸福：阿依古丽幸福观

以爱之名，我们赖以生存的家庭

　　社会是由一个个家庭组成的，可以形象地说，家庭是组成社会的基本细胞，和谐家庭是构建和谐社会的基础。对于家庭，每个人从自身角度出发会有不同的理解：家是出生成长的地方，家是温暖的港湾，家是爱的代名词，家是心灵的栖息地……家庭中的每个成员都是我们至亲至爱的人，成员之间互帮互助，共同营造温馨的氛围，让爱把我们包围。

鼓励说幸福：阿依古丽幸福观

家庭的延续与结构

家庭的传承，生命的延续

家庭，对于我们每个人而言都是非常熟悉且重要的存在。

提起家庭，我们首先想到的就是父母与孩子，而这两者其实就是家庭中最重要的两条关系纽带——婚姻关系与血缘关系。

父母因婚姻关系相结合，然后共同孕育下一代、抚养下一代，这就是家庭最本质的形式，也是最基础的组合链。如果只是将视线集中于这条最基础的家庭组合链，那么家庭真的很小，只有父母与孩子。

而如果将这条组合链进行延伸，父母也有他们自己的父母，孩子也会拥有他们自己的孩子……家庭在一代一代中传承，生命在传承中

 鼓励说幸福——阿依古丽幸福观

延续，这期间又衍生了很多其他的东西，包括社会的、历史的、文化的……我们会惊讶地发现，家庭，或者说家庭的传承，实际上是人类历史发展长河中的一个主导因素，正是因为有家庭的传承与延续，我们的社会、历史与文明的发展才不至于中断。从这个角度来看，家庭正是组成我们赖以生存的社会的基本单位。

实际上，家庭成员之间的关系与社会各类成员之间的关系也有有很大的相似性，在一个家庭系统中，成员与成员之间绝不会独立存在，而是紧密相连。

我们最熟悉的家庭要素构成就是父母与孩子，由这两个要素构成的家庭，可以称之为"核心家庭"。然而，家庭本来就是由一代又一代的父母与孩子传承下来的，因此从父母的角度来看，这个核心家庭是他们脱离了自己的父母之后，通过婚姻关系而组成的新的家庭，即再生家庭。从孩子的角度来看，他们终有一天也会脱离自己的父母，与自己的伴侣组建一个新的家庭，因此对他们而言，现在的这个核心家庭，其实就是他们的原生家庭。

考虑到家庭传承对家庭及家庭成员的影响，在心理学上，一般会将家庭中的成员延伸到三代——祖父母及外祖父母、父母（包括父母的兄弟姐妹）、孩子（包括孩子的兄弟姐妹）。正是因为有了这三代人的参与，家庭才得以传承，生命才得以延续。

以爱之名，我们赖以生存的家庭

家庭的结构，紧密的关系

家庭结构主要涉及两个方面：一是家庭中成员的构成；二是家庭成员之间相互作用、相互影响的状态，即家庭成员之间的关系。

家庭成员的构成，决定了家庭规模的大小。比如，由夫妻二人组成的夫妻家庭及由父母与尚未结婚的子女组成的核心家庭，就属于小规模家庭；而由父母和已婚子女组成的主干家庭及父母和两对或两对以上已婚子女组成的联合家庭，就属于规模较大的家庭。

家庭规模的大小对家庭成员之间的关系是有直接影响的，一般来说，越是大规模的家庭，其家庭成员之间的关系就会越复杂，甚至可以说出现家庭矛盾的可能性也相对更大，家庭管理越难。举例来说，在一个夫妻家庭中，只存在着夫妻关系，而在一个主干家庭中，则涉及父母关系、夫妻关系、同胞关系等多种关系。

既然各个家庭成员都同住在一个家庭里面，那么各种家庭关系就不可避免地会互相影响。以夫妻关系为例，如果一个家庭中的夫妻关系和睦，那么其他的家庭关系比如父母与孩子的关系，就很可能是亲密的；而如果夫妻关系紧张，那么就很可能导致这个家庭中父母与孩子的关系是疏离的甚至对抗的。

从父母到同胞,家庭的核心成员与关系

家是最小国,国是千万家。每个家庭,都是由父母和我们的同胞兄弟姐妹构成的。父母是根,同胞则是这棵大树上所结出的果实,彼此守望,共同缔造出美好的家庭。

家庭是树,父母是根,孩子是花

教育家苏霍姆林斯基有过这样一句名言:"对一个家庭来说,父母是根,孩子是花朵。"只有根深,花才艳。一个家庭的核心成员,是父母与孩子。如果把家庭比喻成一棵树,那么父母就是树根。只有家庭大树的营养充沛,作为家庭的枝叶,孩子的发展才能枝繁叶茂。

《增广贤文》中有句老话:进门休问荣枯事,观看容颜便可知。

以爱之名，我们赖以生存的家庭

一个人原生家庭的好坏，清晰地展示在他们子女的精神面貌上。父母的性格以及相处的模式，对孩子的成长有着举足轻重的影响。作为家庭最核心的成员，父母恩爱，家庭才能和谐。家庭温暖和睦，才能培养出知书达理、温和友爱的孩子。反之，如若父母见面如同仇敌，天天火山爆发，时时谩骂猜忌，孩子生活在这种家庭之中，久而久之，性格必然受到影响，甚至会产生心理疾病。

都说一个好女人可以温暖三代人，其实，一个好男人更可以撑大一个家庭三代的格局，培养出真正有贵族气质、谦和清矜的孩子。作为一个家庭来说，父母是家庭的核心成员，也是家庭的灵魂人物。大海航行靠舵手，而一个家庭的平稳运转，靠的也是父母牢牢把稳生活的重心，努力工作，认真生活，上孝父母，下教子女，建立起一个和谐友爱的家庭体系。

有好的父母，才会有好的原生家庭。从一个家庭的精神面貌中，体现的是作为其灵魂人物——父母的气质秉性。不但能从中看到父母的成长轨迹，探寻到他们成长的原生家庭，家庭成员之间的相处模式及关系，还能由此及彼，预测出他们的孩子，乃至于子孙辈的家庭成员的相处模式。

家庭的维系和传承，就这样润物无声地进行着。慢慢地，父母的性格和处事方法会在孩子的身上展现，孩子的性格特征又会在他们的下一代身上出现。不管我们承认与否，这都是不争的事实，沿着时光的轨迹，封存着中国人和中国家庭的性格密码。

因此，我们大致可以预见，父母的性格以及相处模式，决定着孩子的性格。每个人都有可能为人父母,但绝非每个父母都称得起"合格"二字。

父母是家庭这棵大树的根系,承担着繁荣一个家庭的重任。而一个家庭的使命之一,便是繁衍和教育好自己的下一代。父母是孩子的第一任老师,一言一行,都对孩子的世界观、人生观和价值观有重要影响。"父母之爱子,则为之计深远",对父母来说,对孩子最深的爱,未必是留一座金山给他,而是教会他为人处世的道理,培育他独立于世的能力。"世界上最美的书是孩子的父母写的,最好的语言是孩子的父母传递的,最好的行为举止是父母刻画的。"家庭是树,父母是根,根深方可叶茂,叶茂才有花香。

世上最难得者兄弟

天下无不是的父母,世上最难得者兄弟。同胞手足是血亲,它包括四种组成:同父同母兄弟姐妹、同父异母兄弟姐妹、同母异父兄弟姐妹和同一养父母兄弟姐妹。

《红楼梦》中的林黛玉,羡慕别人有兄弟姐妹可以抱团取暖,为自己孤单而伤心落泪。但是在现实生活中,家里的孩子多,关系如何处理,是摆在父母面前的一大难题。父母都希望家里能够父慈子孝,孩子之间亲密友爱,家庭关系和睦融洽。

然而,家庭关系是最难处理的,作为核心家庭成员关系之一的同胞关系里，也难免存在疏离、亲密、紧张、对抗等诸多形态。

父母是孩子的一面镜子，对于子女多的家庭来说，家庭互动模式会代代相传。父母相敬如宾，孩子也会在今后的岁月里慎重选择另一半，尊重婚姻。父母偏心哪一个孩子，孩子长大后，也会不自觉地偏心自己的某一个孩子。

家庭同胞之间的关系是相互影响的，孩子在家庭生活中的同胞关系和相处模式，也会不自觉地带给下一代。父母的精力有限，往往很难照顾到所有的孩子，难免会在所有孩子中有所偏爱。这样，被偏爱的孩子总是有恃无恐。而那些自觉被父母冷落的孩子，则会心生怨怼，甚至在自己组建家庭之后，不自觉地将这种处事方式带到自己的家庭生活中去。

实际上，健康的同胞关系绝非从天而降。就算是一母同胞，遗传基因也无法保证所有的孩子都性格相投。天下无顽劣的孩子，只有不懂得教育的父母。要想让同胞关系变得健康有爱，避免给孩子的童年留下阴影，父母要培养孩子的同胞情，引导孩子建立起亲密关系；兄弟姐妹之间要平等相待，父母也要对所有孩子一视同仁；父母要学会鼓励孩子，发掘孩子身上的长处，给孩子足够的安全感。

父母无法陪伴孩子度过一生，但兄弟姐妹之间可以相互扶持，走得更远。当孩子长大成人走上社会之后，他们会明白，这个世上到了最后，真正可以依靠和仰仗的，是割不断的血缘亲情。

而且，人的情绪是容易传染的，一些好的相处模式也容易形成家风，一代代传递下去。如果把团结、友爱、宽容这些好的相处关系持续下去，作为同胞相处的准则，那正是父母给与孩子最珍贵的礼物。他们以后也会用同样的方式，教育他们的孩子，形成良好稳定的同胞关系。这样，家庭的核心成员关系进一步得以巩固，家庭也就在年深日久的更迭中走向繁盛。

从诞生到解体，家庭的生命周期

和这世上的一切事物一样，家庭也是有其生命周期的。人生不过百年，一个家庭从诞生到解体，也不过短短几十年时间。愿我们都能多一些生活的智慧，让家庭多一些温暖，少一些伤害，真正缔造出美满和谐的家庭。

一个家庭是怎么炼成的

家庭生命周期的概念是一个舶来品，最早由美国人类学学者格里克于20世纪中期提出。家庭生命周期指的是一个家庭从组建到发展，再到最终解体的过程，反映了家庭从诞生到解体的运动规律。家庭随着组建者年龄的增长，会呈现出不同的阶段性，并且随着家庭组

鼓励说幸福——阿依古丽幸福观

织者的离世而消亡。

这世上,每天都有新的家庭组建,也每天都有家庭随着缔造者的离世而走向消亡。传统的家庭生命周期理论,会把家庭的发展大概划分成五个阶段。

家庭缔造之初是单身阶段,夫妻双方要么仍在读书,要么刚参加工作,满怀朝气,对未来充满幻想。第二个阶段是新婚阶段,情投意合的二人订下白首之盟,相约走进婚姻。生活不再只有浪漫的绮思,而是落实到柴米油盐酱醋茶。

随着第一个孩子的呱呱落地,夫妻双方的生活方式产生了重大调整。生活由于新生命的加入而充满意义。这也是人生最有意义的高光时刻,新婚夫妻正式成为一个家庭的缔造者,身上有了更多甜蜜的负担,也有了更多的爱和责任。他们不再只需要对彼此负责,也需要为这个家庭负责,为他们的孩子的衣食住行和教育负责。很多之前没有考虑过的问题都会摆在桌面上,需要得到认真的对待。

从第一个孩子出生到长大成人,离开父母,这个漫长的时期被称为满巢阶段。这个比喻形象地说明了此时的家庭相处模式。孩子刚出生时,父母犹如一对大鸟,庇护着巢中的幼鸟,一个在家守窝,一个出去打食儿。所有的一切,都是为了孩子健康地成长。

等到孩子渐渐长大,原来在家看护孩子的一方重新投入职场,一方面成就自己,一方面照顾家庭和孩子。随着时光的推移,孩子成年了,父母和尚未成家的孩子组成的家庭,进入了满巢的最后阶段。

孩子成年后,出门求学或者工作,海阔天空。父母也到了该退休

以爱之名，我们赖以生存的家庭

的年纪，家里一下子空出一大块，只有夫妻相濡以沫，再无子女绕膝。这个时期，是漫长的空巢时期。而一个家庭走到这个阶段，生命周期也已经过半，如同一个人，已经过了壮年时期，要迎来暮光时刻了。

空巢期过后，夫妻的身体江河日下，随着其中一方的过世，家庭就进入解体阶段。原本的三口或者是多口之家中，孩子离家，老伴过世，剩下的一个人或是孤独终老，或是组建夕阳家庭，但无论是哪一种，之前的家庭都已开始解体。

如果把社会比喻成一个和谐健康的肌体，那么家庭就是这个肌体的体细胞。要想有健康的社会，就必须要有千千万万个和谐的家庭。如同人类社会的进程充满荆棘一样，一个家庭的进阶之路也是极其艰难的，每一个阶段都有其肩负的使命，只有成功地完成这些使命，家庭的构建才能完成打怪升级过程，顺利进入下一阶段。否则，就会因为一些小插曲，在某些阶段遭遇困难，使得前进之路变得困难重重。如果不能很好地完成某一个阶段的使命，那么后面的阶段也必然会因此受到影响。处于转折时期的家庭，是最脆弱也是最容易出现各种状况的。

家庭生命周期的特点

世上的夫妻都是婚姻合伙人。当两个人决定步入婚姻的殿堂，共同组建一个家庭的时候，所面临的困难，往往超出想象。缔造一个幸福的家庭，其艰辛程度，不亚于白手起家地开设并经营好一家公司。

015

在家庭诞生初期，夫妻双方都要做好从自己的原生家庭退步抽身的准备，从此不再依靠原生家庭和兄弟姐妹的庇护，而是独立经营自己的生活，成为一个经济和情感方面都完全独立的个人。

这世上的"扶弟魔"和"妈宝男"之所以令适婚男女闻风丧胆，就是因为他们犯下了共同的错误，从原生家庭中抽离得不够彻底，甚至在婚后还黏黏糊糊，牵扯不清。如果生活重心仍在之前的原生家庭，那么新建立的家庭就缺少共识，遑论稳固的家庭基础。如果家庭的共识迟迟无法建立，夫妻关系的经营方面就会凄风苦雨，四处受敌。

很多妻子吐槽老公就好像自己的儿子一样生活不能自理，处事幼稚可笑；而很多男性也说自己把老婆养成了闺女，这就犯下了夫妻关系的大忌。夫妻关系的本质是伙伴关系，如果各自从之前的原生家庭切割得不够彻底，夫妻关系就会转化为亲子关系。无论是妻子成为丈夫的"妈妈"或"女儿"，还是丈夫成为妻子的"父亲"或"儿子"，都是对夫妻关系的彻底颠覆。想要在毫无共识和被彻底颠覆的夫妻关系上建立起和谐的家庭，就跟在沙滩上建立高楼大厦一样不切实际。

扩展期的家庭关系，重心已经由经营夫妻关系转移到了养育孩子上。然而遗憾的是，一个缺少共识的家庭，往往脆弱得经不起一点风浪。在许多家庭中，照顾幼小孩子的重任，通常由妻子承担。妻子把精力全部放在家务和孩子身上，丈夫就难免觉得受到冷落。而且妻子在家照顾孩子，无法出去上班，养家的重任就落在丈夫一个人肩上。

以爱之名，我们赖以生存的家庭

久而久之，丈夫难免心生怨言。

这个世界从不缺少诱惑，丈夫在外打拼，见识日增。而全职在家的妻子，除了围着锅台和孩子转之外，基本停止成长。有些丈夫不能体谅妻子的辛苦与付出，反而拿外面光鲜靓丽的职场女性与家里形容憔悴的妻子作比较，为婚外情提供借口。

为了避免这种情况的发生，夫妻之间要增强婚姻生活的新鲜感，即便是在家带孩子，妻子也要关注自我成长。而丈夫也要参与到育儿的过程之中，加强夫妻之间的联结。真正的教育，是父母双方共同完成的，任何一方角色缺失，都会给孩子的成长蒙上阴影。

而随着孩子的长大，教育方面的问题将越来越凸显。孩子有了越来越强烈的个人意识，教育问题成为摆在眼前最迫切的问题。这时候，夫妻在教育观念和家庭理念方面更要协调一致。如果观念相左，而且彼此都坚持自己的观点，各自按照自己的那一套去教育孩子，甚至让孩子不要听对方的，那么孩子面对这种互相矛盾的教育方式时，就会变得难以适从。对于孩子来说，这不仅仅是两种观念的选择，无论选择哪一方，都是对另外一方情感的背叛。处于观念对峙中的孩子最后可能谁也不选，结果变得越来越难以管教。

对于大自然中的动物而言，青春期是孩子彻底离开双亲独立的时候，因此孩子在青春期变得叛逆，是符合自然规律。此时，父母的角色要发生转变，在养育者之外，还要担负起朋友的角色。父母养育孩子的过程，就是跟孩子不断分离的过程。父母首先从原生家庭中分离出来，孩子才能跟父母进行分离。

收缩期的时候，孩子已经完成从自然人到社会人的转变，此时的分离越和谐，对孩子越有好处。

空巢期的时候，孩子羽翼丰满并离开父母，父母恢复到之前的二人世界。这时候，对父母来说，自己"父母"的这层身份就要逐渐淡化。虽然自己依然是孩子生物学和伦理学上的父母，但是孩子已经成人，有了自己的家庭。父母这时候成为与孩子互利互助的伙伴，对成年孩子来说，这是最具温度的一种身份。

原生家庭与再生家庭

原生家庭是很多人不能言说之痛,幸运的人用童年治愈余生,不幸的人则用余生治愈童年。原生家庭和再生家庭平衡了,人生才会平衡。

没有完美的原生家庭,只有懂得自我治愈的成人

每个人都需要一个家,如同动物需要一个温暖的巢穴一样。孩子也需要一个温暖的家,家里有食物给他吃,有父母温暖的怀抱。成人也需要这样一个家,可以彻底放空自己,累了倦了的时候,可以暂时依靠一会儿,以便重新披挂上阵。此时的家,是他的大后方,一个真

鼓励说幸福——阿依古丽幸福观

正能让他身心得到慰藉的地方。

这个地方，在很多情况下指的是跟父母一起生活的原生家庭。如果能够有父母的爱和支持，那就是一个让我们内心不断得到滋养和生长的地方。

如果一个人童年的时候，有被爱和被信任的感觉，有足够的安全感，这些都会内化为我们一生的养分。有了这种安全感，我们就能够自然而然地保持自信，并且能够有相信他人的能力。这种信任被称为原始信任，这是一个人变得真实和完整的自然动力。

然而遗憾的是，很多人的原生家庭是不美好的，甚至充满了痛苦的回忆。由于在缺少爱和温暖、没有安全感的环境中长大，得不到应有的尊重和信任，孤独和无助如影随形，他们的性格就会被扭曲。

这种人到了成年，要么是易暴易怒，要么是养成讨好型性格，一味压抑自己屈从别人，要么是对权力和完美极度渴望，甚至会遭遇抑郁症的困扰。因为感受不到应有的原始信任，所以他们经常怀疑自己，得到别人给的一点点温暖，就受宠若惊；时常处于惶恐之中，认为自己配不上伴侣、上司或者是身边人的善意；人际交往中疑神疑鬼，既不能很好地展示自己，也很难处理好各方面的关系。

由于原始信任的缺失，他们感受不到内心的力量，就开始拼命地从外部力量中寻找自我的存在感，追求所谓的成功和受欢迎，以弥补原生家庭缺失的爱。而其自我存在是极其苍白无力的，内心极度敏感脆弱，稍有打击，内心的隐痛便如潮水般涌出，瞬间将其好不容易建立起的一点自信彻底打碎，轻者自怨自艾，重则歇斯底里。后天性格

以爱之名，我们赖以生存的家庭

的扭曲，都是由于没能从原生家庭突围所致。

事实上，真正完美的原生家庭，这个世上是不存在的，也没有100分的父母。即便是那些拥有相对幸福的童年的人，生活中也有别的烦恼。这世上的原生家庭给孩子带来爱的同时，也必然会在有意无意间为孩子带来伤害。

虽然所有人都曾受过伤，但所有人都能找到自我治愈、自我救赎的道路。原生家庭对一个人的成长有着至关重要的作用，但一个人的一生，绝不能任由自己困在原生家庭所带来的种种负面情绪之中，而是要积极谋求从原生家庭突围的方法，跟过去和解，从眼泪中获得新生。唯有如此，才是我们找到自我，完成救赎的方法。

找到家庭的定海神针

原生家庭对我们的影响最早，持续力也最长，对人性格的塑造和人格的养成有着不可忽视的作用。每个人的成长历程，都带着原生家庭的烙印，这些烙印对有些人来说是勋章，但对另一些人来说则是原罪和枷锁。

世上的婚姻，从来不是两个人的事，而是两个家庭的事。"婚姻"拆开，"婚"是男方家庭，"姻"则是女方家庭。夫妻双方来自不同的原生家庭，如果处理不好各自原生家庭的烙印，三观大相径庭，结局要么是两败俱伤，要么是一地鸡毛。

事实上，很多人都在婚姻中无意识地重复着父母的思维和行为模式，代代相传，难以挣脱。要摆脱这种无意义的内耗，就要求我们把潜意识的主宰状态切换成有意识的主宰状态，与原生家庭进行剥离。

首先要进行心灵回溯，借着原生情结被引爆的机会，对往日时光进行痛苦的回忆。想起不愉快的过往，用理智的情感和更成熟客观的立场，搜寻自己和配偶性格的源头。走出父母婚姻的影响，重建和谐夫妻关系。对各自心理状态进行重新认识，是构建亲密关系的重要一环。这个过程是相当情绪化的过程，自我剖解也需要勇气。最好旁边能够有人给你足够的安全感。

其次，对彼此的原生家庭进行清理。进入婚姻，就表示要将过去的生活清零。把彼此相悖的两个原生家庭的规则合并为一，这是婚姻的智慧，也是婚姻的必修课。分析原生家庭的利弊，取其精华去其糟粕，制定双边协议并最终执行。

"我们把坏脾气都留给了最亲的人"，这句话指的是很多人能够被最亲近的人引爆痛点，这种反复出现并强烈异常的情感，并不是一个人的性格缺陷，而很有可能是其原生情结的引爆。

这种情绪，自然会伤害到身边的人。但是，这种情感宣泄出来之后，要懂得分辨，哪些是针对现在的事，哪些是现在的借题发挥。不要把对父母的情绪宣泄到配偶身上，这对配偶不公平，也会伤害婚姻的基础。成年人要懂得在过去和现在的情绪中设置防火墙，不让过去的情绪纠缠此时的婚姻。

家庭有其在价值感和安全感方面的需要，缺什么就要补什么。作

以爱之名，我们赖以生存的家庭

为通常意义上的一家之主，丈夫光有自己奋斗来的成就感还不够，还想要妻子的欣赏、子女的崇拜。这时候，聪明的女人都懂得及时给予丈夫满足和鼓励。他要成为决策者，就给与他拍板定夺的权利；他要成为权威者，就处处维护他的面子。这些婚姻之道，一钱不花，省时省力，但能够让婚姻锦上添花，甚至能有起死回生的效果。聪明的女人，都该一试。

原生家庭对人的影响，不仅仅在于它塑造了我们的性格，还在于它赋予了我们各自独特的生活方式。再生家庭中的人，要有足够的内省能力，对这些生活方式进行修改完善，然后拿来经营自己的婚姻，生活就会瞬间变得鲜活起来，婚姻生活也从一地鸡毛转为活色生香。

一言以蔽之，再生家庭和原生家庭的交往，要秉持一条准则，那就是平衡。平衡的状态就是维持二者关系最佳的状态。不要试图放纵原生情结对再生家庭的伤害，把情绪关进笼子，不要让过去的情感伤害眼前人。

著名的心理学家曾奇峰有过一个著名的论断，他说，夫妻关系是家庭关系的定海神针。特别是上有父母下有孩子的三代同堂的家庭，如果能维持夫妻的家庭核心地位，保证夫妻有着绝对的发言权和主导权，这种家庭模式就会稳如泰山。

要维持这种和谐的家庭模式，聪明的父母要学会分离，不试图插手孩子的婚姻，把生活交在孩子自己手中。夫妻双方也要担当起生活赋予自己的重任，自己做自己婚姻的主宰者，不做"妈宝男"或"妈宝女"，把婚姻生活的航向牢牢把握在自己手里。

023

人类的真正改变，是情感层面的改变。这种改变是痛苦的，无异于给自己的灵魂动刀。也只有坦诚相待，找到良性的互动方法，满足彼此的情感需求，才能逐步从原生家庭的情感中抽离。人生短暂，不必活在过去的阴影之中，更不能向最亲近的人"讨债"。要以理性和包容，慢慢地清除再生家庭中的负面情绪，一不小心，就会在清理的过程中收获完美的婚姻和爱情。

解读家庭系统的特征

家庭是社会和文化的缩影,它有着现实社会的投射,也体现着家庭成员的脾气和秉性。看一个家庭系统的特征,能够让我们更加了解这个家庭。

家庭是微缩版的社会

家庭是生生不息的生命系统

家庭有着自己从诞生到谢幕的完整生命历程,是个独立的生命系统。它有着生命性的特点,既开放有序,又具有动态平衡,呈现出稳定性、自组织性和进化性的特点。

对一个家庭来说,这种生命性特点越活跃,系统开放性越强,跟

 鼓励说幸福——阿依古丽幸福观

外界信息交换的频率越高，家庭的活力就越强，创造性就越强。相反，一个家庭的活跃度越低，跟外界的交流就越来越少，甚至不再发声，那么这个家庭就会成为一潭死水。

家庭是微缩版的社会系统

一个家庭，就是一个微缩社会。在同一个系统里，关系最重要。人的社会性的体现，就显现在各种关系的处理上面。

在家庭关系中，夫妻关系是凌驾于其他任何关系之上的。相较于亲子关系和同胞关系，夫妻关系不是血缘关系，连接度较弱。也正因如此，才需要特别制定法律进行保护。市面上才会出现那么多婚姻方面的书籍，手把手地教夫妻双方如何经营好自己的婚姻。夫妻关系是一个家庭的基础，只有夫妻关系稳固，其他的关系才能融洽。如果夫妻间如同仇人一般，那么在婚姻关系上衍生出的其他关系，也就脆弱得如同一张窗户纸了。

很多家庭都被亲子问题困扰，困扰的时间长了，就想当然地认为亲子关系不好，是由于配偶的挑拨所导致。于是，本就岌岌可危的夫妻关系，又因为亲子关系的恶化而火上浇油。殊不知，经营好夫妻关系才是解开亲子关系死结的关键。夫妻关系和睦，家庭温暖，生活蒸蒸日上，孩子乐在其中，周身洋溢着幸福感和安全感，自然也就形成了阳光自信的性格，亲子关系也就自然改善了。

家庭是一个生生不息的文化系统

每个人的精神面貌中，都隐藏着其家庭文化的气质。家庭文化也是我们最早的行为文化的起源地，在婚姻缔结之初，几乎每个人都

以爱之名，我们赖以生存的家庭

幻想过，家里的装修是什么风格，孩子取什么名字；男孩该如何教育和培养，女孩该学什么乐器，穿什么风格的衣服；该如何孝敬彼此的父母，如何迁就彼此的饮食等。这些问题，共同缔造了家庭的亚文化。

而一个家庭的气质，除了来自其家庭内部文化之外，还来自我们共同的民族文化。我们都有本民族的文化，也都受本民族文化的浸染和影响。这种文化的影响是潜移默化的，不但影响着我们的行为，还影响着我们的思想，锻造着一代代中国人的性格。因此，我们每个人的身上，都有着本民族人的文化特性。

家庭是一个代际传递的传承系统

通过血缘和联姻的方式，家庭系统完成了代际传递。这种传递的内容除了血缘之外，还包括一个家族的家风文化和历史故事，以及代代延续的家庭关系的模式。这些东西，都会随着时光的推移，逐渐成长为我们内心的力量，一代代滋养着子孙后世的心灵，影响着他们的举止和行为。

家庭是一个有动力的周期系统

在每个人的成长过程中，原生家庭的家庭成员都会对我们的成长产生影响，那些影响我们成长的或积极或消极的力量，具体的展现，则是每个人在原生家庭中和家庭成员的关系。同时，家庭还是一个完整的周期系统。如同一个人一样，家庭也有其从生到死的完整过程。尤其周期性的发展阶段，每个阶段都有自己的使命。这些系统共同构成了家庭生命周期，为我们探索家庭和人生的奥秘提供了视角。

 鼓励说幸福——阿依古丽幸福观

家庭是一个动态平衡系统

中国人受儒家思想影响很深，中庸文化已经渗透入中国人的血液之中，内化为中国人性格的一部分。一个家庭最理想的状态，就是在其高速发展的动态中保持平衡。这个平衡，往往是在潜意识中进行的。

想要实现这种平衡，就要形成强有力的夫妻系统。二人同心，其利断金。夫妻关系才是家庭关系的压舱石，只要夫妻关系繁荣稳定，各方面就会达成一个和谐的绿色生态系统，呈现出蒸蒸日上的局面。而一旦夫妻开始失和，夫妻系统中关系崩溃，系统面临重装危险，系统成员就会挺身而出，维持系统的正常运转。

有研究表明，几乎每一个问题少年的背后，都有一个支离破碎的家庭，都有互相怨怼的父母。这也直接说明如果夫妻关系不和，家里失去了应有的温暖和包容，家庭气氛紧张，变得如同火药桶一般，似乎一点火星，就能引爆整个家庭，甚至出现夫妻一方出轨，造成二人反目闹离婚等境况，那么夫妻系统的完整性就遭到彻底破坏，家庭系统也会因此变得大厦将倾。

这个时候，孩子就会由家庭中的被保护者变成保护者，挺身而出维护家庭系统的稳定。但是，这种维护对于孩子来说，无疑是生命中不可承受之重。孩子由于年龄的问题，往往无法冷静客观地看待问题，也缺少足够实力解决父母之间的分歧。

孩子想要维护家庭系统的完整和谐，往往会付出放弃自我成长的代价，譬如逃学旷课，网瘾成性，性格由之前的阳光开朗变得阴郁扭曲等，试图以这种饮鸩止渴的方式，获得父母的关注，让他们停止内

以爱之名，我们赖以生存的家庭

耗，将家庭系统恢复如初。从这个角度来说，这世上孩子出现的所有成长问题，都应该从父母的身上寻找原因。

家庭关系的代际性心理特征

在家庭关系的心理特征之中，家庭成员的角色是一个萝卜一个坑，无法彼此选择和替代，血缘关系是天然生成，也无法解除的。但是，对于一个崩溃的夫妻系统来说，很容易出现父母一方的缺位。缺出的位置就会由别的家庭成员填充，扮演这一角色的通常是孩子。

如果家庭核心成员位置出现空缺，需要另外一个人去填充，就可以断言这个家庭是出了问题的。这种填充毫无意义，而且如果孩子被迫承担起这个年龄不该承担的重任，肩负起取代爸爸成为丈夫或者是取代妈妈作为妻子的位置的时候，孩子就会陷入迷茫，产生罪恶感，这种罪恶感，比父母一方的缺失对孩子的伤害更甚。孩子会因此自我怀疑和自我否定，认为自己是罪恶的。为了消除这种负面情绪，孩子会以自残的方式惩罚自己，消弭这种罪恶感。这使得本就因为家庭破裂而伤痕累累的孩子，又添了一道新的伤痕。

鼓励说幸福——阿依古丽幸福观

鼓励语录

🌸 家庭，我们赖以生存之地，了解家庭也了解自己。

🌸 家庭是生命代代相传的原因，也是生命延续的结果。

🌸 家庭关系是影响家庭动力的核心因素。

🌸 家庭有着自己的生命周期，但这种周期是周而复始的。

🌸 原生家庭与再生家庭需要保持平衡。

白璧微瑕，有缺失的原生家庭

家，是我们每一个人无比向往并能从中获得幸福感和安全感的地方。然而，这个世界上，没有百分百的完美，原生家庭中也存在着这样或那样的缺失，但要相信，这种缺失，不过是白璧微瑕而已。

没有完美无缺的父母，没有不存在矛盾的夫妻，也没有完美无缺的原生家庭，任何一个原生家庭，在带给我们温馨和关爱的氛围之外，也会或多或少地带给我们种种伤害，造成一定的心理创伤，并因此对我们的性格塑造和形成产生诸多的影响。有些人会因而出现拖延、焦虑或抑郁的性格特征，他们在与外界沟通时，总是缺乏必要的真诚和信任。出现这样的结果，自然有其成因在内，正确的认知才是关键。

鼓励说幸福：阿依古丽幸福观

我最爱的人，却伤我最深

有哲学家曾说："伤害我们最深的，反而是我们最为亲近的人。"在一个原生家庭中，和我们血缘关系最为亲密的家人，对我们来说又是怎样的一个存在呢？是会带给我们无微不至的关爱，还是会带给我们伤害呢？

毋庸置疑，在这个世界上，血缘关系中，父母与我们最为亲近，也是最爱我们的人；非血缘关系中，夫妻之间的关系最亲密，是彼此深爱的对象。他们总想将最好的爱和最深情的陪伴带给我们，然而因为种种因素，在他们的爱和陪伴中，表达方式的欠缺，言行举止方面的粗鲁等无心之失，却带给了我们深深的伤害，对我们的人生成长也带来了诸多负面的影响。

在外人眼里，欣欣是令人羡慕的对象，家庭条件优越，生活富足，不必为经济方面的问题发愁。然而，真正了解欣欣的同事或朋

 鼓励说幸福——阿依古丽幸福观

友,从她身上又感受不到太多的快乐。

在姊妹中间,欣欣是老大。很小的时候,父母就告诉欣欣,要学会爱护弟弟和妹妹。家里好吃的、好玩的,都是先让弟弟、妹妹玩够了、玩腻了,才轮到欣欣。父母的做法让欣欣的内心产生了微妙的情绪变化。她从懂事起,就常常一个人独自玩耍,弟弟和妹妹的快乐,在她眼中是如此的遥远,好像和她没有任何关系,久而久之,欣欣养成了孤僻的性格。虽然她外表看起来阳光快乐,然而在骨子里,始终有一种高冷的气息存在,面对陌生的朋友,常"拒人于千里之外"。

更令欣欣烦恼的是,已经到了谈婚论嫁年龄的她,遭受到了来自父母的"逼婚"压力。每次周末回到家,父母就会开启"唠叨"模式,让欣欣早日找一个男人嫁了,尽早从这个家里搬出去。

有时欣欣听得不耐烦的时候,难以忍受的她,便会和父母爆发激烈的争吵,她想要自己的自由,只是想不通为何父母不能理解她的想法,不去尊重她的选择?这让欣欣苦恼万分。

每次想到自己的童年生活和父母的高压"逼婚",欣欣就倍觉孤立无援,感受不到家的温暖,常常生出想要逃离这个家庭的念头,想到一个没有人认识她的地方去,重新开始新的生活。

无独有偶,高雅也生活中在一个充满争吵和冷漠氛围的原生家庭中。从初中开始,高雅的父母在感情上出了问题,两个人为此经常爆发吵闹,他们完全不顾及小小年纪的高雅,当着她的面相互指责,甚至大打出手,家里也因此一片狼藉。每次总要高雅撕心裂肺地呐喊

白璧微瑕，有缺失的原生家庭

后，父母之间的争吵才会按下"暂停键"。当然，过不了几天两人就又故态复萌，重新上演争执不休的闹剧。

上了高中之后，情况改观了很多，高雅的父母虽然不再像以前那样争执吵闹了，然而他们之间却无声地开启了冷战模式，相互之间谁也不会主动和对方说上一句好话，仅有的必要交流沟通，也是冷言冷语，冷脸相对。

不过在对待高雅方面，她的父亲和母亲却格外关心，嘘寒问暖，主动询问她的学习状况。每天高雅学习到深夜，母亲都会陪伴在跟前。尽管如此，高雅却一直不快乐，在她眼中，父母的关心，或许是出于她上了高中的缘故，为了给她一个好的学习环境，才尽量以温柔可亲的面目示人，如果是真正为她着想，父母之间就不应该处于长期的冷战之中。

在向同学们的倾诉中，高雅郁郁寡欢地说："按照现在的态势，也许等我考上了大学，父母很大概率会离婚，这个家我真的不愿再回去了，伤够了，看到家里冷冷清清的氛围，我就想逃离，宁愿一直呆在学校里不回去。"

两个小案例中，无论是欣欣还是高雅，在家庭生活中一直未能感受到家庭里面应有的亲情和温暖，潜在的矛盾，冰冷的氛围，无处不在的争吵，让她们的内心深处都生出了厌倦的情绪，疲于应付。

在现实生活中，还有很多这样的原生家庭存在着类似的问题，在子女眼中，父母原本应该是子女最为亲近的人，反而对子女造成了深深的伤害。

鼓励说幸福——阿依古丽幸福观

然而站在父母的角度，他们又将自我的言行举止，看作对子女的一种负责任的关爱。很多父母总有这样一句口头禅："棍棒之下出孝子。""我这样对你，一切都是为了你好，等你长大了就会明白，严厉一点没有错。"

在他们眼中，孩子还处于人生的成长期，不理解社会的复杂，没有辨别是非的能力，因此凡事由他们"把关"，告诉孩子怎样做才能避免受到不必要的伤害，只有严格管教下的孩子，才能在成人之后更好地适应社会。

然而问题是，他们模糊了教育和家暴之间的关系，孩子犯了错误，小则大吵大叫，动辄大打出手，不问青红皂白，不去考虑孩子内心的感受，一味地横加指责，试问，这样的原生家庭氛围中教育出来的孩子，真的会按照他们想象的人生发展模式走下去吗？

天下的父母，没有不爱自己孩子的，只是需要他们注意方式和方法。严厉一点也没有错，只是需要他们能够将沟通和交流融入说教之中。唯有这样，才能获得孩子的理解和认可，营造出和谐、和睦、其乐融融的良性家庭成长氛围，让家成为自己最爱、最为关心的家庭成员向往的港湾。

原生家庭对我们的影响有多大

在《世界上最爱我的人》这部小说中，作者以细腻的笔触，描写了一个原生家庭内部的矛盾和痛点，直面原生家庭背后的真实。在书中，主人公之一余味，说出了这样一番话："如果小时候拥有足够的爱，就不会遇到一个稍微对我好一点的人就想过一生，所以离婚是必然，往后余生，不婚也不会是偶然。原生家庭的影响，终其一生都在治愈，我渴望被爱，也更怕伤害。"

余味就是一个深受原生家庭伤害的主角，父亲嗜赌如命，母亲的爱都倾斜在了弟弟身上。当余味有了自己的第一份工作时，母亲就要求他拿出工资来供弟弟读书。弟弟大学毕业后，买房、结婚等花费，也需要余味提供必要的支持，否则他就过不去母亲这道"关"。

作为家中的长子，余味没有享受到应有的关爱，却被逼着承担起家庭的责任，这让他不堪重负。他说，原生家庭对他的心理与情感伤

鼓励说幸福——阿依古丽幸福观

害,要让他花上一辈子的时间去治愈。在他的眼中,这个冰冷的家庭中,除了没有办法改变的血缘关系之外,就是无处不在的金钱关系,没有了金钱的维持,一切都会化为虚无的泡影。

若曦来自一个重男轻女的原生家庭。她有一个弟弟,比她小五岁。从弟弟出生之后,父母便将所有的爱都给予了这个家庭里宝贝一般的"男丁",尤其是父亲,过分地溺爱弟弟,无论弟弟闯了什么祸,他都能原谅儿子。然而若曦不行,哪怕是犯了一丁点的小错误,遇到父亲心情不好时,便会爆发"雷霆之怒"。

每当此时,若曦就会跑到妈妈的身边,希望能够从妈妈的怀抱中得到温暖和爱护。可是,懦弱的妈妈在强势的爸爸面前也不敢过多地安慰若曦,最多就是劝说她忍一忍,平时要多让一让弟弟,谁让弟弟是父亲眼里承担家庭未来希望的"不二人选"呢?

幼年的经历,在若曦的心灵深处留下了深深的阴影,她为自己的性别自卑,羡慕弟弟受到的宠爱。在她的内心世界里,自己就是被父母"抛弃"的那一个。

即使大学毕业,参加工作,早已成年的她,在心底的最隐秘处,依然心存芥蒂,对组建属于自己的家庭一直没有足够的信心。其间在一位善良男士的极力追求下,若曦才略略放下了戒备的心理,选择和心爱的人成婚。

哪知婚后他们的第一个宝宝降临到这个世间的时候,由于是女婴,若曦的内心又开始掀起了层层波澜,她触景生情,想起了当年偏心的父母对待自己的场景,不由又开始担心起女儿的未来,为此她一

白璧微瑕，有缺失的原生家庭

度患上了产后抑郁症。

庆幸的是，她的丈夫没有重男轻女的倾向，一个可爱的女宝宝让他欣喜若狂，他的细心和体贴，让若曦终于走出了人生的阴影。

回忆这段不堪回首的日子，若曦感谢她遇到了一位懂她、爱她的男人，如果相同的场景再次上演，她认为自己很难走出产后抑郁的困扰。

从余味和若曦的故事中可以看出，在原生家庭中，父母的不当行为，会对孩子造成深远的影响。生活在一个原生家庭里，孩子的成长经历和生长环境，往往在很大程度上决定了他在成人之后，会成为怎样的一个人，其人生观、价值观以及世界观，无一不是受到原生家庭的影响。即使在对待另一半的感情上面，也会在内心深处的潜意识里，时不时地把幼年原生家庭父母的情感关系拿出来进行对比审视，唯恐踏入原生家庭冷漠的氛围，重蹈覆辙。

反过来，在一个家庭内部成员关系和谐、相处和睦的原生家庭里，恩爱的父母会关心孩子的成长，并给予孩子正确的人生指导，保证孩子的身心发育和人格塑造都得以健全，使他们的人生之路稳健从容，以阳光、积极、乐观的自然心态，成为朋友和同事眼中的"欢乐宝"。

"近朱者赤，近墨者黑。"外部环境对一个人的影响难以忽视。从呱呱坠地的那一天起，几乎所有人都生活在一个特定的原生家庭里。原生家庭的影响，作为一种无处不在的外界环境因素，对孩子的影响是方方面面的。

鼓励说幸福——阿依古丽幸福观

比如在家庭冷暴力这个方面，在这种家庭环境中长大的孩子，往往孤僻自闭，不愿敞开心扉和他人坦诚交流，疏远了身边人，也疏远了这个世界。

那么原生家庭的影响，主要表现在哪些方面呢？

其一是亲密关系。一个人未来的婚姻是否幸福，与他/她所成长的原生家庭有着密切的关系。一旦缺失了父母的爱，他们日后便会努力寻找，期望得到应有的补偿。民国才女张爱玲，就是这样的一个典型代表，小时候得不到父爱，日后的婚恋对象一直是比她大许多的男人。

其二是性格的塑造。孩子的自信和乐观，来自父母的充分肯定和认可，一个从小就需要"察言观色"讨取父母欢心的孩子，认定自己只有更优秀才能获得父母关爱，日后即使他们有大成就，内心依然是空虚的。

其三是亲子关系。在原生家庭中，经常受到父母责骂，没有融洽的母子、父子关系的孩子，即使他们日后成家立业，这种扭曲的亲子关系也会依然延续下去，因为他们从来不懂得如何和孩子好好相处的道理。

其四是畸形的金钱观。父母节俭是好事，然而一旦太过节俭，就会走向事物的反面。比如有些父母常告诉孩子："别乱花钱，都是我们的血汗钱。"久而久之，在孩子的心目中，就种下了扭曲的金钱观。纵然他们成人之后能够自立，也能赚来不菲的钱财，却往往吝啬如命，成为一个十足的"守财奴"。

白璧微瑕，有缺失的原生家庭

　　生活中有些人可以意识到这种负面影响，然后在此基础上形成自我坚硬的"外壳"来保护自己免受同样的伤害；另一部分人却未能意识到这种不利的影响，甚而在为人处世上多少沾染了原生家庭的不良习性，当他们踏入社会之后，处处碰壁，反复栽跟头，究其原因，从幼年乃至青少年时期来自原生家庭的影响，如影随形，固化到了一个人的骨子深处，再也难以做出有效的改变了。

那些源自原生家庭的心理创伤

在原生家庭中，每个人都在其中有着属于自己的特定位置，倘若自我认定的这个位置被父母长辈或一母同胞的兄弟姐妹忽略或代替，无形中会对被忽略或被代替的一方造成一定的心理伤害，或者说，也可以称其为心理创伤。

在热播的电视剧《三十而已》中，女主角顾佳的表现十分抢眼。在家庭生活中，顾佳属于一位温柔贤惠的好妻子，是丈夫事业的贤内助，家中的大事小情，只要顾佳出面，都能得到完美的解决，她相夫教子，将他们的小家庭经营得有声有色。

看到这里，也许人们会想当然地认为，顾佳是剧中完美无缺的女性，在她的身上，看不到疲惫，也没有抱怨和委屈，更没有其他女人无休无止的唠叨和说教，这样一个完美的女人，其原生家庭一定也特别完美。

白璧微瑕，有缺失的原生家庭

然而实际上，随着剧情的逐步展开，我们看到了顾佳原生家庭真实的一面。十四岁的时候，母亲便去世了，沉默寡言的父亲和女儿之间缺乏坦诚的交流和沟通，为了逃离这个沉闷的原生家庭，顾佳选择了住在学校的宿舍里，除非万不得已，她才会回家一趟。

有一次顾佳的生理期来了，这样一件女性的小私密，如果有母亲，她完全可以和母亲悄悄交流，说一说心里话。但失去母亲的顾佳，只能默默地承受青春期独有的彷徨和苦闷。在剧中她回忆往事的时候，才能敞开心扉，对父亲抱怨说："七月份的夏天多热啊，我肚子疼得要死，骑车骑到一半就吐得稀里哗啦的，我当时心里就特别委屈，但是回家进门之后，我也没办法和您说什么。"

这一段话语，就是顾佳在少女时期在原生家庭中所感受到的伤与痛，这伤痛刻骨铭心，直至成年也难以忘记。她在结婚之后新组建的原生家庭中，之所以努力表现出坚强和隐忍，营造一种完美的环境，其实正是希望以另一种方式，来抚平当年她所遭受的心理伤害。

顾佳的人生经历，与著名的家庭治疗师维吉尼亚·萨提亚的一句名言非常契合："一个人和他的原生家庭之间一直有着千丝万缕的联系，而这种联系，对一个人的一生，都将带来深远的影响，甚而会陪伴他到生命的尽头。"

原生家庭对孩子所造成的心理创伤，主要集中在孩子的情感认识方面。

一是被忽视的情感。在一些原生家庭中，父母过于偏爱其中一个

鼓励说幸福——阿依古丽幸福观

孩子，而对另外的孩子的关心和爱护不够，久而久之，被忽略的孩子的存在感和价值认同感受到了严重的伤害，会认为自己是不受欢迎的家庭成员，乃至于还会怀疑自己存在的必要性。在这种情感伤害下长大的孩子多敏感、多疑、自卑，被人忽视是他们最大的耻辱。

二是过度的情感控制。在无数中国父母的心目中，什么样的子女才是优秀的呢？排在第一位的恐怕要数"听话"这个条件了。往往外人在夸赞一名孩子的时候，也常会这样说："你看人家的孩子多听话，规规矩矩的，父母让干什么就干什么，让人羡慕。"

也正因如此，不知从何时起，听话成了评价孩子的主要标准之一。实质上，这种过度的情感控制，带给孩子的是深深的心理创伤。在这些父母眼中，孩子只是他们"导演"人生的附属品，缺乏独立的人格，不允许有不同的意见和见解。在沉闷、令人窒息的"大家长制"下培养出来的孩子，要么沉默寡言，了无生气，要么自觉或不自觉地把上一代父母施加给他们的精神控制影响，延续在下一代孩子的身上，无论是他们的生活还是教育，重蹈覆辙。

三是无处不在的情感"勒索"。有一句名言说得非常好："为什么要生育孩子，养育下一代？不是为了期望能够从孩子身上得到什么，而是参与了一个生命的成长。在陪伴孩子成长的过程中，他们的快乐悲喜，也是我们的快乐悲喜。"

在现实生活中，有些原生家庭的父母却没有这样的正确认知。他们经常对孩子说的话无外乎这样几类："爸爸妈妈含辛茹苦将你抚养成人，你怎么就不知道感恩和回报呢？""要不是因为你，也许我早就

白璧微瑕，有缺失的原生家庭

和你爸爸离婚了！""为了你和这个家，我付出了那么多，是你该回报我的时候了。"

这种情感"绑架"，站在道德的制高点，常让孩子无所适从，时间一长，孩子的内心便会产生一种负罪感，认为无论父母做得对不对，是否是真正付出了，自己都要无条件地为这个家庭付出，即使是有了自己的家庭，最初的原生家庭也必须要照顾好。

饱受原生家庭情感和心理创伤的孩子，长大之后，往往不具备健全的人格，如果不能及早化解，将会导致他们出现人格障碍，困扰其终生。

张德芬在《遇见未知的自己》这本书中，对此有过精辟的总结："我们每一个人的内心深处，都会有一个小小的自我，假如你不能接纳你的一切，它便会随时出现在你的生活中，不断地循环往复。"

遇到一个对你造成各种心理创伤的原生家庭，最好的相处之道，就是学会去勇敢面对，学会接纳原生家庭中的种种不完美，然后用自己的行动和努力，试着去做一些改变。

原生家庭中的角色错位

英国著名心理学家温尼科特曾说过这样一句很有借鉴意义的话语:"你或许有着属于自我的一套标准,也非常珍惜能够让自己当家做主的生活方式,但是我真的要为你感到遗憾,因为一旦你成了一位妈妈,从今以后就要适应孩子,而不是相反。"

温尼科特的这句话,其实道出了一种深刻的家庭内部成员关系的脉络走向。现实中正如他所描绘的那样,很多女生成为妈妈之后,就不得不围着自己的孩子转,以孩子的生活为中心。于是有人会不禁生出疑问:孩子的爸爸去哪里了呢?

想要回答这个问题,我们首先就要理解原生家庭中角色错位的实质内涵。原生家庭角色错位,简单地理解,就是处于一定位置的家庭成员,替代了另一位置的家庭成员的功用,完成了角色的转换。

如此我们再回头来看温尼科特的这句话就能理解了。妈妈围着孩

白璧微瑕，有缺失的原生家庭

子转，孩子的生活、学习乃至性格塑造，全部由"妈妈"这个角色来完成，自然而然地将"爸爸"这个角色替代了。

在原生家庭内部父亲、母亲、孩子这三个主要角色中，无论任何一方没有担负起自身角色的职责，反而让另一方替代，都属于角色错位的情况。

在无数种角色错位的关系之中，最常见的一种关系，就是父亲的角色缺位，最终会出现孩子承担了父亲应担负起的部分角色；或者是孩子完全承担起了父母双方应担负的角色。此时，日渐长大的孩子反而成了半个"父母"，而原本应该照料孩子的父母，蜕化成了"巨婴"。

比如为人父母，太在意孩子的学习成绩，孩子考试好了，母亲就高兴得喜上眉梢，孩子考试砸了，妈妈就会愁眉不展，在这种情况下，孩子通过自己的察言观色，就会用好的成绩来"喂养"妈妈，让她们的精神得到充足和愉悦。

有时候孩子假装生病也是这样的原因。通过生病的方式，以引起父母的注意，或者以此来减少父母之间的矛盾和纷争。

所以说，在实际生活中，我们会经常看到一些非常懂事的"小大人"，他们努力学习，只是希望父母的脸上多一丝笑容；他们主动分担家务，只为了让整日唉声叹气的妈妈精神上能够有一些安慰。

凡此种种，此时的孩子反而成了父母的"照顾者"，角色错位的局面，也就在不知不觉中形成了。

小时候的浩然，是一位性格十分刚强的孩子。他的父母老实木

047

 鼓励说幸福——阿依古丽幸福观

讷,遇到大的事情不敢出头,受到欺负也不愿声张。渐渐长大懂事的浩然,无论是读书还是工作,一直自强好胜,从不让父母多为他操一点心。

在浩然的父母眼中,他们的孩子是"刚强"的化身,敢吃苦,不怕累,勇于奋斗,是他们得以依赖的对象。

其实在浩然的内心深处,却极度渴望得到家庭的帮助和支持,获得父母的关爱和呵护,他也想可以依赖父母,在自己累的时候,能够在父母跟前适当"示弱"一点。然而实际情况不允许他这样,他只能在这个原生家庭中扮演"父母"的角色,父母却逐渐蜕化成了"孩子"的角色,出现了明显的角色错位现象。

一家情感婚姻工作室曾接待过一名中年男子,这名中年男子将近五十岁了,依然独身一人,和母亲在一起生活。询问其中的原因时,中年男子说起了自己原生家庭的情况。早年间,父亲和母亲感情不睦,经常大吵大闹。每次母亲和父亲吵闹之后,就会将儿子拉到一边,告诉他这个世界上,只有她这个母亲最疼爱儿子。后来父亲去世,中年男子和母亲相依相伴,到了结婚的年龄,男子每谈一个女朋友,母亲就显得非常焦虑,甚至经常以生病为借口,不让儿子出去约会。久而久之,中年男子成了大龄青年,错过了最佳的结婚年龄,发展到现在,中年男子也几乎放弃了想要成家的念头。

从这名中年男子的叙述中,我们不难看出,在他母亲的眼里,她最疼爱的儿子成了她的"半个老公",替代了男子父亲的角色,在母亲孤单的时候,给予了母亲很好的情感慰藉。这种情况,自然也是典

白璧微瑕，有缺失的原生家庭

型的原生家庭角色错位问题。

对于孩子而言，很多时候在各自的原生家庭里面，都有着角色错位的现象，父母常以各种"威胁"和"恐吓"的方式，让孩子向他们满意的方向发展。

在这种角色错位的情况下，孩子的心理负荷非常重，他们不得不努力向着父母要求的方向发展，甘愿放弃自我的兴趣和爱好，只要能够照顾好父母，让他们快乐，完全可以"放弃自我""牺牲自我"。

明白了原生家庭角色错位的问题，想要保持一个家庭的和谐稳定，最关键的一点，就是要让各个角色回归属于自己的位置，爸爸是爸爸，妈妈是妈妈，孩子是孩子。父母抱着"参与"一个孩子成长的心态，不求回报，自然会获得幸福的回馈。

长大后，我就成了你

为什么大多数原生家庭的孩子在长大之后，都活成了父母昔日的样子，拥有了父母的性情和秉性？

美国作家苏珊·福沃德在其著作《原生家庭》中，曾一针见血地指出：有毒的家庭体系，就好比是高速公路上的连环追尾，其恶劣影响会代代相传。

福沃德话语里的意思很明显，一些原生家庭的生活和教育理念是"有毒的"，父母的行为方式，在很大程度上影响到了孩子的心理成长和性格塑造。长期受父母潜移默化的影响，无论是青少年时期是否讨厌父母的这种言行举止，等到他们成为父母之后，会有意识或无意识地模仿起当初自己父母的处事方式，最终出现"长大后，我就成了你"的结局，活成了连自己都讨厌的模样。

所以，在很多西方原生家庭心理学研究的学者眼中，原生家庭的

白璧微瑕，有缺失的原生家庭

生活教育理念，对孩子的人生成长带来了严重的影响，这种影响正如福沃德所说的那样，是"有毒"的存在。

好莱坞一部叫作《心灵捕手》的影片里，也出现了这样一个深受原生家庭负面影响的人物，这个主角名叫威尔念，患有严重的人格缺陷，在心理医生看来，威尔念所患上的人格缺陷，源自他原生家庭的影响，因此这名心理医生一直安慰威尔念："这不是你的错，真的不是你的错。"在心理医生的眼里，也始终认定威尔念的原生家庭真的"有毒"。

不可否认，从某种程度上说，原生家庭对一个人的人生成长以及性格的塑造、事业成就的大小，都起到了不可忽视的影响。一个人的人际关系，很多时候都是自己幼年及青少年时期和父母之间的相处关系在现实生活中的复制、投影和折射。

举例而言，现实生活中，有些父母常常忽视自身的言行举止对孩子童年的心理伤害，将不适宜的家庭矛盾暴露在幼小的孩子面前，从而导致他们在长大成人成为父母之后，也会将同样的行为方式传递给下一代，如此形成了一个恶性循环。

所以，法国作家塞西尔·大卫-威尔在《超越原生家庭的养育》一书中曾这样说道："在对自己孩子的幼年教育中，父母的行为，其实是在模仿当年自己父母的行为，他们不能成功地让自我的行为遵循我们最初的教育理念，所以这种延续上一代教育模式下的行为，往往是不明智甚至是不理性的。"

小慧的母亲是一名典型的农村女性，性格彪悍泼辣。在小慧少年

鼓励说幸福——阿依古丽幸福观

时期的记忆中,母亲总爱因一点小事和邻居之间爆发激烈的争吵,从来不会让自己吃亏。

家庭生活中,在她的印象中,母亲也是一位非常"勤俭节约"的女性。当年小慧读高中的时候,因为父亲工作的变动,她和母亲一起搬到了县城居住。为了节省水费,母亲常常将水龙头打开到最小阈值,一点一滴收集滴落的水源。

当时的小慧对母亲这样神秘的行为感到疑惑不解,就询问母亲:"为什么非要将阀门开到最小呢?"母亲回答她:"这样多方便,又能有水用,又可以节省水费,开得小,电表带不动。"

母亲在青少年时期的小慧心目中留下的形象,可以用"抠门"两个字来形容。小到去菜市场买菜,去商场购物,大到买房子、买家中需要的大件产品,母亲总是摆出一副"斤斤计较"的面孔,非要按照自己的心理价位去和卖主谈价格,交易达成,母亲就会高兴上一整天,交易失败,母亲就会连续几天闷闷不乐。

那个时候的小慧,对母亲的这种行为嗤之以鼻。甚而在内心深处,她非常看不惯母亲这种"小市民气息",一度有了上了大学之后从这个原生家庭里面逃离出来的念头,从情感上切割掉和家庭的联系。然而大学毕业后,参加工作的小慧在无意中活成了当年母亲的模样。

找到第一份工作的她,由于薪水还没有发放,需要租房子居住,不得不为生活费用的不足而发愁,从而"锱铢必较",处处精打细白璧微瑕，有缺失的原生家庭

算。当时微信走步的 App 正如火如荼，某些走步软件中宣称，每天走上多少步，都会在当天有相应的金钱收益。

小慧从中看到了"商机"，每天上下班步行，对外她宣称自己这样做是为了锻炼身体，实际上不过就是为了赚取步行软件所发放的奖励。

后来小慧又听说某款自媒体软件，通过刷视频的方式也能够获得收益。那一段时间，为了一点微薄的收入，小慧一有空闲时间就拿起手机刷各类短视频，并乐此不疲。

越来越活成母亲模样的小慧，此时还完全没有充分意识到真相——当年母亲的种种行为，如今都已被她一一"继承"了下来。直到有一天，一位闺蜜发现了小慧的"小秘密"之后，震惊得张大了嘴巴。

她"当头棒喝"，毫不客气地对小慧说："你这样做，难道没有意识到是在浪费自己宝贵的时间吗？这些大把的空闲时间，你利用它多去给自己'充充电'，提升自我的专业素养，难道不比费尽心思赚这样一点小钱有意义吗？"

"一语点醒梦中人"，闺蜜的话语让小慧幡然悔悟，为何当年自己最讨厌的生活方式，反而成了现在她最热衷追求的对象呢？究其原因，还在于她深受原生家庭中母亲言行举止的影响。

我们无法改变过去，只能被动地接受。但在未来的人生旅途中，我们可以选择重新开始，避免受原生家庭中父母习性的影响，活出一

053

个"全新"的自我。

　　以父母曾经的样子为镜,我们可以选择新的成长方式,可以活出一个与父母不一样的自我,一个热爱生活、积极乐观,关爱、包容亲人和爱人,真诚对待朋友、同事,对工作有担当,让身边的每一个人都感到温暖的自我。

缘何原生家庭会伤人

在人们的印象中,原生家庭建立在最亲密的血缘关系上,父母辛苦养育孩子,付出的艰辛和不易,是其他任何血缘关系的亲人所不能替代的,更别说那些非血缘关系的人士了,因此可以说原生家庭是最稳固的城堡。

然而真实情况,真的是如此美好吗?

其实不是。在很多原生家庭里,父母对孩子爱的管控,反而会给孩子带来很多的伤痛。也许在外人眼里,他们是高考状元,是业内精英,是才华四溢的高素质人才,表面上风光无限,看似也拥有完美的人生,谁知在他们的内心深处,却深掩着原生家庭带给他们的伤和痛。严重者,甚而会因此拉黑父母,逃离那个曾经的家,和家人断绝联系。

巧哲来自一个单亲家庭。上小学的时候,父亲和母亲离了婚,她被判给母亲抚养。或许是看到女儿小小年纪就失去了父爱，巧哲的母亲常会为此感到内心愧疚，为了补偿女儿，她竭尽所能给巧哲提供最佳的生活条件。

在巧哲的记忆中，上高中之前，在这个世界上，她和母亲的关系最为亲近，一天见不到妈妈，巧哲的心里就会非常失落；同样对于巧哲的妈妈来说，她倾其所有，给予了女儿无微不至的照顾和关怀。她知道巧哲喜欢漂亮的衣服，每到换季的时候，就会给巧哲买来一大堆衣服任由挑选。巧哲的衣柜里总是满满当当的，有些衣服几乎没穿过就变小了。

然而上了高中之后，在巧哲最为重要的青春成长期，她和母亲的关系变得微妙起来。母亲担心女儿在学校里交男朋友，对她学校之外的外出活动时间，都有严格的掌控。一旦超过了规定的时间，母亲便会一刻不停地给她打电话，发信息，不厌其烦地催促巧哲早点回家。渐渐地，巧哲身边的朋友都知道她是一个"妈管严"，为此没少嘲笑她，这让巧哲苦恼不堪。

更让巧哲难以忍受的是，发展到了后来，她的穿衣打扮风格，乃至衣服、鞋子以及袜子的颜色，母亲也都要过问，并给出严格的要求，不许她穿着太过艳丽的衣服。等到巧哲上了大学，母亲对她的管教不仅没有放松，反而更加严厉起来，每次通电话，她都会苦口婆心地劝说巧哲：在校期间尽量不要谈恋爱，要努力学习，为考研奋斗，等到她真正思想成熟了，再找男朋友也不迟。

其间巧哲谈了一位男朋友，母亲得知消息后，火速坐车赶来，对

白璧微瑕，有缺失的原生家庭

男孩子一阵奚落，最终"棒打鸳鸯"，以断绝母女关系相要挟，逼迫巧哲和男孩子分手。凡此种种，让巧哲痛苦万分，很多时候她静下心来思考青春期以来母亲的种种言行举止，感觉她曾经无比熟悉和亲近的母亲，变得越来越陌生了。她想要反抗，想要自己独立做主，规划自己的人生和未来，但又怕和母亲彻底闹僵，孤身一人的母亲一旦失去了最爱的女儿，巧哲不敢想象可能出现的后果，为此她焦虑不安，患上了严重的抑郁症。

巧哲的人生遭遇，正是无数原生家庭让人受伤的经典案例。也许有人会问：为什么原生家庭会伤到孩子呢？本来是团结友爱、和谐温暖、亲情融融的幸福家庭，为什么最后却闹得"一地鸡毛"呢？这里面，父母占了很大的原因。

遇到不称职的父母，是孩子的不幸。

在一些原生家庭中，父母的责任心不强，或者是父亲，或者是母亲，出于工作繁忙、社交应酬以及感情不和睦等种种因素，他们只顾及自己的心理感受和情感诉求，却忽略了对子女的关爱和照顾。

每当孩子向他们提出可怜兮兮的求助请求时，他们常会说："去一边玩去，现在爸爸没时间。""今天心情不好，不要惹我发脾气啊！""早给你说了，自己的事情自己解决，不要来烦我。"

长久的冷漠和对亲情的疏远，在孩子幼小的心灵里种下了伤害的种子。这粒种子生根发芽，等到孩子成年之后，就会被无限放大，他们会痛恨起不负责任的父母来。

鼓励说幸福——阿依古丽幸福观

控制欲超强的父母，他们的"爱"对孩子而言反而是一种深深的伤害。在一些原生家庭里面，父母很爱他们的孩子，可是太过于关爱，却让他们走向了另一个极端。

正如上文案例中的巧哲一样，这些控制欲强的父母，时时处处都想将孩子掌控在自己的手中，按照他们理想中的模式去规范孩子的人生发展路径。殊不知，这样的关爱会让孩子产生逆反心理。内心情绪的变化，青春期情感的宣泄，都得不到父母及时的回应和关切，在这种环境氛围中长大的孩子，要么是严重叛逆者，恨透了父母的管教；要么是失去了独立生活能力的"巨婴"，高度依赖父母，否则难以生存下去。

言语上"软暴力"的伤害，看似无关紧要，实际上却超过了肢体的惩罚。对孩子而言，软暴力其实也是一种精神暴力，父母通过挖苦、讽刺、打击等语言方式，让孩子的心灵饱受摧残。

比如有些父母常会这样说："看看你身上的衣服，丑死了，让人作呕，赶快给我脱下来换一件。""这辈子我是造了什么孽，竟然生出了你这样一个不争气的儿子！""你看看你，再看看人家隔壁小明，都一样的年纪，人家多聪明，门门功课优秀，你就像一头猪。"

这些语言上的软暴力，如一根刺一般，深深扎在了孩子的心灵深处，在年华的流逝中，这根刺越长越粗，成了撕裂父母亲情的一把"利刃"。

白璧微瑕，有缺失的原生家庭

鼓励语录

🌸 这个世界上，没有百分百的完美无缺。亲情融融的原生家庭中，也曾白璧微瑕，关键看我们如何去调节、适应、接纳和改变。

🌸 天下的父母，没有不爱自己的孩子的，但不要将"爱"变成对孩子的"害"，需要适当注意自身的言行方式和沟通方法。

🌸 一个人和他的原生家庭之间，始终存在着千丝万缕的联系，而这种联系，对一个人的一生都会产生深远的影响。

🌸 我们无法改变过去，但可以改变未来，走出原生家庭之伤，活出精彩的自我。

种永恒地给了我们。当然其中也有一部分父母，因为先天性格的原因，不能很好地将自己的爱表达给孩子。

但无论如何，在这个人世间，父母给予了我们生命，使我们有机会来到这个世界，可以通过自身的感官，去品味生活所赋予我们的酸甜苦辣和喜怒哀乐，仅此一点，就足以感恩父母给予我们生命的爱，这是世间最伟大的爱。我们需要去理解他们，换一种角度和方式和他们相处。要知道原谅他们，其实也是对自我生命尊重的体现。

在自己新的家庭生长周期中，积极主动地重构下一代原生家庭，也至关重要。

理解和接纳我们的父母，本质上是为了重塑自我，重塑自我的目标，是不再将这种伤害带给我们未来的孩子。我们在成人之后，也会组建新的家庭，这个新组建的家庭，既是再生家庭，又是孩子的原生家庭，如果不想让孩子像我们一样受到原生家庭的伤害，那么首先要改变和重塑的自然是我们自己了。

自我治愈了，谅解父母了，责任心也增强了，那么可以预见的是，我们的孩子，在他们的人生成长历程中，也就能很好地避免受到同样的伤害了。这，也正是一个新的家庭和谐氛围成长周期的开始。

在《透析童年》这本书中，有这样一段话，其实正是对重塑家庭成长周期最好的注解："在生命开始的地方，看见孩子内在的丰盈，也看见我们自己的匮乏。只有实现生命本质的真正联结，才能真正懂孩子，也才能真正爱孩子。为了孩子，让我们走上一条自我生命成长之路。"

鼓励说幸福：阿依古丽幸福观

逆向回归，重写我们的成长故事

不要太纠结于原生家庭带给我们的伤痛，学会用爱去温暖和化解这种伤痛，用亲情重新构建和原生家庭亲密和睦的人际关系，重新书写诗与歌的成长历程。

虽然没有完美无缺的原生家庭，每一个家庭成员也或许都在其中受到一定的伤害，然而我们要相信自己一定能够找到治愈心理创伤的路。只要我们能够摆脱认知黏连的困扰，摆脱糨糊心理的错位认知，就一定能够从原生家庭中突围出去。依靠爱的能量和创伤对抗，寻求和原生家庭相处、和解的办法，重建新的自我，重塑新的家庭生长周期，我们的人生和人际关系，也将会有质的改变。

鼓励说幸福：阿依古丽幸福观

借爱的能量与创伤对抗

心理学研究表明，原生家庭对一个人的性格养成和未来人生发展起着极为重要的作用。虽然人们都明白这样的一个道理，但其中的问题是，我们无法选择自己出生的原生家庭，在我们出生之前，谁也无法预料会遇到怎样的父母，他们或温柔慈爱、通情达理，或性情粗暴、缺乏责任心，这是一个早已注定的开始，从我们降生的那一天起，就要面对性情不一的父母。

心理学家阿德勒说："生活幸福的人，一生都被童年治愈；而那些生活不幸的人，一生都在治愈童年。"

阿德勒的话语颇具哲理性，针对原生家庭带给人们的心理创伤，他一针见血地指出，不幸的人之所以不幸，原因在于他们太过纠结于童年时所受到的伤害，无法拔除内心的这根刺，他的人生始终会被不幸所笼罩。

鼓励说幸福——阿依古丽幸福观

如此就产生了一个问题：为何非要斤斤计较童年的经历呢？也许那些饱受原生家庭伤害的人士会说：不是发生在自己身上的事情自然能举重若轻，而对于亲历者来说，岂是一句话就能轻轻松松地放下自己心结的的？

他们的话语初听起来貌似有些道理，但仔细想一想，用一生的时间来治愈童年的创伤，是不是有些得不偿失了呢？

也有人试图摆脱原生家庭创伤的阴影，然而又找不到合适的方式与方法，或者在他们看来，曾经在原生家庭中遭遇的伤痛，真的难以化解。

但事实并非如此！对于世间的每一个人来说，在成长过程中，原生家庭都扮演着极为重要的角色，然而需要我们清醒认知的是，青少年时期在原生家庭中所受到的伤害和创伤，并不是不可改变的。

心理学家卡伦·霍妮曾说过这样的一段话："所有人只要还活着，就有改变自己，甚而是彻底改变自己的可能性，儿童并非可塑性对象的唯一存在。"

其实，走出原生家庭带给我们的创伤，用爱的能量和创伤对抗，是一个非常不错的办法。

在小雨的记忆中，童年的生活几乎没有幸福可言。爸爸常年在外面工作，很少回家；母亲要操持家务，上面还有公公婆婆，每天的忙碌让小雨的妈妈养成了暴躁的脾气，小雨做事稍微有错误的地方，就会招来妈妈劈头盖脸的训斥。

渐渐长大的小雨，开始产生了逆反心理，面对来自妈妈的呵斥，

逆向回归，重写我们的成长故事

她也敢争辩反抗。有一次，她和妈妈之间爆发了激烈的争吵，气急的妈妈说出了令小雨倍感伤心的一句话："早知道你这样叛逆，没生下你的时候，我就该把你从肚子里打掉。"

母亲的话语深深刺痛了小雨，或许这句话，突破了小雨和母亲之间感情维系的最后底线。那一刻，她觉得生在这个原生家庭里，实在太令人痛苦了。当她为此向心理咨询师倾诉时，说得最多的也是这样一句话，最后她还反复强调：她和母亲之间没有亲情了，从她降生到这个世间，就不讨妈妈的喜欢。

心理医生却告诉小雨，有时很多人童年的记忆是存在着偏差的，人们往往只记得印象最深的一部分，却忽略了平日的平淡和温馨，如果妈妈不爱她，她能平平安安地成长到现在吗？

"我们每一个人，之所以能够活下来，很好地生存下去，说明我们的父母还是爱我们的，这个世界上，不仅是父母，我们所遇到的每一个人，以及广阔的大自然，都是爱着我们的。在我们生命成长的过程中，承载了太多的爱，怎么能说我们是被抛弃的那一个呢？"

最后，心理医生的一席话点醒了小雨。是啊，妈妈的脾气也许急躁了些，言语尖刻了些，但她的衣食住行，不都是妈妈默默料理的吗？只是以前她思维的定式，让她形成了对妈妈的怨恨，为什么不换一个角度，不多去想一想妈妈对这个家庭的付出呢？纵然换成自己，在那样的条件下，难道会比妈妈做得更好吗？

小雨想通了这一切，内心的纠结和痛苦也就很快释然了，她重新变得阳光快乐起来，也试着多去关心母亲，母女关系得到了质的飞越。

065

鼓励说幸福——阿依古丽幸福观

我们一路走来,承受了无数人的关爱,父母长辈、师长同事、同学朋友,他们所给予我们的,都是爱的能量。用爱的能量去拥抱这个世界,又有什么伤痛不能消除呢?

学会用爱的能量,学会从自我转变开始,不再"念念不忘"原生家庭对自己曾造成的心理伤害。有时候静下心来想一想,父母亲对待子女们的爱,还是非常深的。

敞开胸怀，拥抱更多人生选择

原生家庭的影响，在很多人的内心深处，都是挥之不去的阴影。生活中，因为父母的偏爱，重男轻女的陈旧观念，爸爸或妈妈缺乏爱心的关照，都会让孩子小小的心灵受到严重的伤害。

桔子出生在北方一座普通的县城，父母原先都是普通的企业职工，一家人的生活还算过得去。谁知在桔子上高中的时候，父亲和母亲都先后因为企业经营问题离职了，家庭一下子失去了主要的经济收入。

尽管父亲在半年后找到了一份可以养家糊口的工作，但仅靠父亲一个人的收入，家庭生活还是捉襟见肘，处处不得不节省着过。

三年后，桔子考上了一所本科院校。这本来是件令人高兴的事，可是桔子的父母得知女儿考上了大学的消息之后，反而是愁眉不展。尤其是母亲得知桔子一年需要四五千元的学费，加上生活开支等杂

鼓励说幸福——阿依古丽幸福观

项,没有一两万拿不下来时,更加发愁了。

当桔子还在憧憬大学校园的美好生活时,一天晚上,父母突然来到了她的房间,支吾了半天,最后才说出他们的意图:希望桔子能够主动放弃去大学学习的机会,早点去社会上打工赚钱,家里的希望都在弟弟身上,弟弟也十四五了,将来也要面临结婚生子的问题,桔子赚来的钱,可以供弟弟结婚、买房使用。

最后父亲还刻意强调:上大学并没有什么用处,他身边很多同事的儿女,大学毕业了也找不到好工作,不如早一点去打工,省得拿了一个大学文凭,最终还是要走上打工的老路,希望她能好好考虑。当然,桔子如果非要上学,作为爸爸,他会尽力支持她的。

那一刻,桔子都惊呆了。父母的话语,深深伤害了桔子,她怎么也不相信,新闻媒体上报道的事例,竟然有一天发生在了自己的身上。她委屈地一头扑在床上,痛哭起来。

在桔子的抗争下,父母也没有过多地干涉她的选择。入学报道那天,望着父亲离去的背影,桔子再次泪流满面。她暗暗发誓,从此开始,她不想再花家里的一分钱,一切都要靠自己。

从大一到大四,桔子利用课余的时间,发传单,做家教,做兼职,果真像她曾经发下的誓言一样,一切靠自己,没有再伸手向家里要过一分钱。大学毕业时,成绩优异的桔子,被保送到名校读研,研究生毕业时,签约一家五百强的企业,有了一份体面的工作和稳定的收入。

当回首往昔时,有熟悉她的朋友询问:"现在的你,还恨不恨你

068

的父母？"

桔子笑着说："实话实说，在当初我刚进入大学校园的时候，对父母确实抱着仇恨的心理，甚至一辈子都不想和他们和解。你不知道，当年在校园里兼职打工的日子，我是多么的无助和孤单，别的同学寒暑假都高高兴兴地回家和父母团聚，只有我还为了生活费和学费在外面奔波着。但现在，我忽然想开了，父母当年的那番话，那个荒唐的决定，或许真有他们的苦衷。如今我经济独立，每年也拿出一大部分费用补贴家里，看着年迈苍老的父母能够过上幸福的晚年生活，这比什么都好。"

无疑，桔子是一位通情达理的好姑娘，她的心结得以打开，其中很大的一部分原因，在于桔子通过自身的努力，拥有了一个更为广阔的人生平台，有了更多的人生选择。当她的人生站在了一个新的高度后，原有的恨意和不满也都会烟消云散，变得云淡风轻起来。

生活中与桔子有类似遭遇的人也不胜枚举。原生家庭对他们的伤害，是人生中一道很难迈过的情感障碍，毕竟最爱的人，却伤自己最深，换作谁，都会生出一种被疏远、被抛弃、被愚弄的心理。

一些孩子在长大之后，未能选择和父母和解。除了心理障碍这道关口之外，很大因素上，他们没有获得像桔子那样的人生成就，生活过得不如意，事业发展更是无从谈起，此时再回忆青少年时期父母的种种牵绊和限制，自然会心生怨恨，在一片狭隘的内心世界里打转，很难有豁达的心胸和气量。

鼓励说幸福——阿依古丽幸福观

因此，要解开这一心结最为重要的，就在于要让自我强大起来，敞开胸怀，拥抱更多的人生选择。唯有强大的自我，才能掌控命运，摆脱原生家庭曾带给我们的伤害，突破原生家庭对我们所设置的种种束缚和制约，活出自我精彩的人生。

寻求新的与原生家庭相处、和解之道

原生家庭对一个人的成长，有着至关重要的影响。这种影响力具有强大的惯性和韧性，会深深影响到一个人的性格养成和人格的形成，幼年乃至青少年时期所遭受的心理和情感创伤，始终如阴云一般，在他们的心头久久不散。

有些在原生家庭受过伤的孩子，在成年之后常会有这样的想法：小时候，为什么父母不爱自己呢？生病在床，急切需要父母的陪伴，为什么他们却不知道在忙些什么，似乎忽略了自己的存在？为什么在人生的发展和规划上，父母总是沉默不语，他们为何不能提出一点好的建议和意见呢？

这样的想法多了，思考多了，人们便会对自己的原生家庭产生深深的怨恨情绪：父母不称职，更不合格，在家里面，自己就是一个没有地位的存在，无足轻重，这样的家庭，还是断了亲情更好。

鼓励说幸福——阿依古丽幸福观

然而事实真的如此吗？不可否认，有很少一部分原生家庭中的父母，对孩子的教育和人生成长关心不够，缺乏必要的责任心；然而对于绝大多数的原生家庭来说，我们的主观臆测，其实是误会了父母。

很多时候，父母不是不爱孩子，而是他们身上肩负着养家的重任，只能努力往前拼搏，也许是为了孩子交学费的时候不用向别人开口去借，也许是为了全家人的生活能够舒适一些，所以才没有更多的时间去陪伴孩子。这是一种深沉的爱。对于中国大多数传统的原生家庭而言，父母往往选择一种沉默的爱，只是年少的我们无法深入体会和感知罢了。

现代著名散文家朱自清，年少时也曾对父亲多有怨恨，可是随着年纪的增长，学会换位思考的他，逐渐了解和认识到了父亲当年的艰辛和不易。

在《背影》这篇名作中，朱自清就描写了对父爱的观念的转变过程。家庭遭遇变故使已是中年的父亲憔悴不堪，在父子同行从家乡返程的路上，朱自清目睹了父亲默默为他所做的一切，心态也发生了很大的转变，在文章的最后，朱自清以深沉的笔调写道："他待我渐渐不同往日。但最近两年的不见，他终于忘却我的不好，只是惦记着我，惦记着我的儿子。"

从朱自清的思想经历看，他最终选择原谅了父亲。书信来往，殷切挂念，让冰冷的父子关系发生了质的变化。

具体到我们每一个人，如果非要将自己在人生发展道路中遇到的困境和挫折，全部一股脑儿地归罪于原生家庭的影响，那么非但

逆向回归，重写我们的成长故事

不能有效解决问题，反而徒增烦恼，这种外在影响力似乎将永远无法消除。

但实际上，尽管原生家庭的影响极具黏性的特征，然而它也不是真的无法改变，我们要寻找和原生家庭的相处与和解的方法。作为一个逐渐长大的家庭成员，心理承压和净化能力也会在伴随个体成长的过程逐渐增强，甚至可以反哺到原生家庭内部，让所有的原生家庭成员一起跟着发生改变。

首先，要学会换位思考。等我们也为人父母时，便会明白，世界上没有完美的孩子，也没有完美的父母，孩子并非父母人生的全部。我们在成长的过程中，要对父母所选择的生活方式给予理解和支持，站在更高的角度，去体谅他们的脆弱、生活的艰辛乃至性格上的缺陷。

其次，要早日打破"过度警觉"的外衣，明白其危害。童年的我们，缺乏独立生活的能力，因此天然地希望被人重视，被人宠爱，时时处处受人关注，担心被忽视或抛弃。这种心理现象，被美国著名心理咨询师秋丽安称为"过度警觉"人格。或许小时候的我们，还未明白"过度警觉"人格的危害，是潜意识支配下的一种索求爱的行为。但是，当我们长大成人，回头审视童年的自己，会发现很多时候我们自以为的伤害，其实是"过度警觉"人格带来的错觉。

学会和原生家庭和解，其真实内涵，其实就是和自己和解。和自己和解了，才能成就更美好的自我，更加健康快乐地成长。

重塑新的家庭生长周期

生活中，很多人意识到了原生家庭曾对自己带来的伤害，由此他们似乎为自我的人生失败找到了一个合理的借口：我今天所有的不幸，都是原生家庭造成的，是父母害了我，父母要为我的人生负责。

一味地指责和埋怨就可以解决问题吗？实际上，抱怨父母不够好的子女们，并不能由此走出心理阴影，反而会越陷越深，将从父母那里继承来的不良习性，又施加给自己的孩子，形成了一个解不开、理还乱的恶性循环。

举一个简单的例子，有些人嫌弃自己的原生家庭几代遗留的不良家风，如冷漠自私、品行不端、暴力好武等，自己却又不去改变，只是一味地埋怨父母没有给自己提供一个好的成长环境，这样的指责又有什么实际用处呢？

逆向回归，重写我们的成长故事

而且令人纠结的是，我们对所生活的原生家庭尽管有种种不满意的地方，见到父母就会勾起不愉快的联系，也会因此产生痛苦的心理；可天然的血缘关系，又让我们难以真的割舍掉这份亲情关系，做不到"一刀两断"。

即使我们经济独立，思想独立，有了自由自在的个人空间，但我们还依然不可避免地和原生家庭产生联系，这样的局面，又会使我们陷入纠结—痛苦—逃离—回归—再痛苦的怪圈之中难以自拔。

既然怨恨没有用，彻底逃离也不是长久之策，那么有什么办法才能让我们重塑新的家庭生长周期呢？

首先要学会理解并接纳我们各自不完美的父母。

我们需要明白的是，父母的秉性和为人处世之道，也受到了他们的原生家庭的影响，这种根深蒂固的性情特征，很难在短时间内发生"质"的改变，与其纠结，不如过去的就让它过去，重要的是把握好现在的一切。

面对不完美的父母，正确的做法是理解他们，心平气和地试着去接纳他们，在这样的一个基础之上，进而实现重塑自我的目标，做到了这一点，就能很好地避免我们的下一代再"重蹈覆辙"。

和父母和解，不仅要有外在形式上的改变，平和地和他们相处，更重要的是，在我们的内心深处，也要做到真正的释怀。

而想要做到真正的释怀，需要我们充分认识到的是，我们的父母之所以出现种种令我们心理受伤的言行举止，其中的很大原因，其实是父母各自受到了来自他们原生家庭的影响，他们不加辨别地又将

鼓励说幸福——阿依古丽幸福观

这种影响带给了我们；当然其中也有一部分父母，因为先天性格的原因，不能很好地将自己的爱表达给孩子。

但无论怎样，在这个人世间，父母给予了我们生命，使我们有机会来到这个世界，可以通过自身的感官，去品味生活所赋予我们的酸甜苦辣和喜怒哀乐，仅此一点，就足以感恩父母给予我们生命的爱，这是世间最伟大的爱。我们需要去理解他们，换一种角度和方式和他们相处，要知道原谅他们，其实也是对自我生命尊重的体现。

在重塑新的家庭生长周期中，积极主动地重构下一代原生家庭，也至关重要。

理解和接纳我们的父母，本质上是为了重塑自我。重塑自我的目标，是不再将这种伤害带给我们未来的孩子。我们在成人之后，也会组建新的家庭，这个新组建的家庭，既是再生家庭，又是孩子的原生家庭，如果不想让孩子像我们一样受到原生家庭的伤害，那么首先要改变和重塑的自然是我们自己了。

自我治愈了，谅解父母了，责任心也增强了，那么可以预见的是，我们的孩子，在他们的人生成长历程中，也就能很好地避免受到同样的伤害了。这，也正是一个新的家庭和谐氛围成长周期的开始。

在《透析童年》这本书中，有这样一段话，其实正是对重塑家庭成长周期最好的注解："在生命开始的地方，看见孩子内在的丰盈，也看见我们自己的匮乏。只有实现生命本质的真正联结，才能真正懂孩子，也才能真正爱孩子。为了孩子，让我们走上一条自我生命的成长之路。"

逆向回归，重写我们的成长故事

  过去的就任由它过去，决定我们人生发展方向的是美好的未来。当我们为重塑家庭生长周期做出了种种努力之后，相信一定能够守候到幸福花开的美好时刻，看到快乐的孩子，也会感谢自己当初所做出的正确决定。

鼓励说幸福——阿依古丽幸福观

鼓励语录

🌸 爱的力量是如此强大，我们依靠爱的能量和曾经的伤痛对抗，学会和原生家庭的相处、和解之道，重塑新的家庭生长周期，我们的人生未来，也将会有质的改变。

🌸 我们每一个人，在原生家庭中都能够活下来，又怎么能说父母不爱我们呢？在我们的生命成长中，承载了太多的爱，我们也要学会去爱他们。

🌸 当我们变得更加强大，有了更多的人生选择之后，我们会发现，曾经的怨和恨，早已随风而去，飘散如云烟。

父母之爱，超越原生家庭的养育

家，是爱的港湾。父母之爱可以说是最无私的爱，父母不求回报，一切行为都是以对子女的爱为出发点。但令人遗憾的是，在这样一个充满爱的氛围下，众多孩子并没有如期成长为身心健康的快乐青年。相反，很多孩子伤痕累累、不知所措地长大，父母不知为何，孩子也不懂为何。父母单纯地认为当孩子自己成为父母之后就会理解他们，然而问题不但没有解决，还接力给了下一代。这背后的原因既复杂也简单，究其根本，可能都与家庭、父母有关，好的原生家庭更容易养育出健康的孩子，恰当的父母之爱也将影响一个人终生。

鼓励说幸福：阿依古丽幸福观

好的原生家庭是什么样的

每个人的原生家庭组成可能会略有不同，兄弟姐妹、祖父母等对一个人的成长自然也有一定的影响，但一个家庭的核心即父母与孩子才是关键，对孩子来说，父母的影响也远超过其他人。换句话说，一个原生家庭的优劣可以从孩子的基本心理需求是否从父母处得到满足来进行判断。

父母与孩子是永远割舍不掉的关系

人在一生中会建立各种各样的关系，上学之后有同学关系、师生关系，上班之后有同事关系、上下级关系，租房有租客和房东的关系，购物有顾客和销售的关系……从某种意义上讲，没有人是完全脱

鼓励说幸福——阿依古丽幸福观

离关系的个体，大家都是在关系中生活和前进的。而在众多的关系中，有一种关系是从一个人降生起就存在，并且永远不会解除的，那就是父母与子女之间的关系。由于这种关系的特殊性，父母对孩子的影响其实是伴随孩子一生的，只不过随着孩子长大对这种关系的需求程度有所变化。当孩子还未成年，还未离家之前，孩子对父母的关系需求是非常强烈的，而这时父母能否正确地处理好与孩子的关系也成为孩子日后能否健康成长的关键。

婴幼儿时期，孩子对父母的关系需求主要是身体接触，比如亲亲抱抱。父母温暖的怀抱可以让婴儿有充足的安全感和归属感。婴儿啼哭除了反映基本的生理需求，如饥饿、口渴、困倦等之外，更重要的是，他们面对这个陌生的世界感到恐惧和害怕，十分需要父母的保护。有人说，小孩哭叫不要理他，否则会惯坏。其实不然，此时的婴孩不会说话，哭声是他们对外沟通的唯一语言，而这个阶段他们的需求又相对纯粹，所以孩子哭了应尽快解决，让他们知道不用怕，有爸爸妈妈在。

随着孩子长大，孩子对父母的关系需求会更加强烈，也更加倾向于心理需求，比如他们需要父母的关注、肯定、理解、爱护等，相对地，父母的忽视、拒绝、冷暴力甚至虐待等，就会对孩子产生严重的负面影响。随着社会的进步，虐待儿童的现象确实减少了许多，但父母有意或无意的忽略、否认、不倾听等问题，还是十分严重。一方面，父母低估了孩子对他们的关系需求，他们常常认为孩子上学有老师有同学有朋友，回家也有爷爷奶奶姥姥姥爷的陪伴，而他们需要做父母之爱，超越原生家庭的养育

的就是赚钱养家。其他关系固然重要，但无论何时，父母与子女的这份关系都不可或缺，父母的一句鼓励和支持可能胜过旁人十句的肯定。另一方面，父母又高估了这种关系需求，孩子只是需要父母的陪伴，而不是24小时的贴身陪护，父母每天抽出一小段时间与孩子进行有效沟通与交流足矣。

父母是孩子最重要的情感依托，如果出现关系需求的缺失，孩子往后的性情、价值观等都会受到严重影响。虽然每个个体的表现不尽相同，但大致可以分为以下几种情况。

一、孤僻。由于缺少这种关系，这类孩子解决的方法是告诉自己，关系是无用的甚至是错的。因为只有这样，他们才能说服自己理解和接受与父母亲之间关系的缺失。孤僻可能是本身性格内敛不善交际，与他人建立关系的能力有限；还可能是不愿与人建立关系，即使他人有意愿建立，孩子自己也会想方设法去阻止这段关系的发生，或者在关系开始之后终结这段关系。

二、过度依赖。正是由于对父母的关系需求没有得到满足，会使孩子急需从他人身上填补这份需求的缺失，对朋友、同事，尤其对伴侣的依赖会明显加重，而他们找寻伴侣时也偏好年长于自己、会体贴照顾人的类型，这其实都是一种自我弥补的表现。

三、自我。既然父母不重视他们，这类孩子选择的方式是自己重视自己。这也是一种弥补的方法，只不过他们没有把钥匙交给其他人，而是自己亲自打开这把锁。这样的孩子常常以自我为中心，通过否定和攻击他人来肯定和抬高自己，不接受也容不下别人对自己的

鼓励说幸福——阿依古丽幸福观

任何批判。

好的原生家庭的第一要点，就是父母与孩子有紧密的关系。当父母与孩子建立了足够亲密的关系后，孩子就会更容易拥有归属感和安全感，这对孩子今后建立正确的人格自信和自尊起着至关重要的作用。

孩子是独立于父母而成长的个体

很多父母最大的委屈莫过于自己全心全意地爱着孩子，一切活动均以孩子为中心，睁着眼睛想的是孩子，闭着眼睛想的也是孩子，但最后的结果并不如人意。且不说很多孩子并不会感激这种无微不至的爱，更糟糕的是，不少孩子在这种强烈的爱下并没有健康地成长。这中间似乎存在着一种矛盾，为什么父母关注孩子了、陪伴孩子了，结果还是错了。这是因为除了与父母的关系需求外，孩子还有独立成长的需求。

世界上所有的爱都是以聚合为目标，只有父母对子女之爱是以分离为目的。一个孩子能越早地独立于父母自主生活，那父母的爱就越成功。这句话可以说比较准确地诠释了父母之爱的意义，也解释了很多父母付出与回报不成正比的原因。很多父母把孩子当作掌上明珠，含在嘴里怕化了，捧在手里怕摔了，但这种事无巨细的关爱带来的结果往往是孩子真的永远都是一个孩子，无法独立思考也

父母之爱，超越原生家庭的养育

无法独立做事。其实，即使是在对父母重度依赖的幼年阶段，孩子也有独立的需求。

与没有满足孩子关系需求的父母不同，没有满足孩子独立需求的父母恰恰是给予了孩子过多关注，过多保护或者过多帮助。这类父母的经典名言就是"我这是为了你好"。我相信父母的初衷绝对是为了孩子好，而且他们有很深的信念去支撑和解释他们的行为。但是，有为孩子好的意愿不代表有为孩子好的方法，更不代表可以带来为孩子好的结果。"做父母的能害自己的孩子吗？"这句话太矛盾了。回答"能"，似乎否定了父母的良苦用心，更否定了父母多年来倾注的爱和能量；回答"不能"，似乎又承认了父母做什么都是对的，而事实往往并非如此。

过度保护孩子的父母，常常给孩子规定各种条条框框，这些条框的问题在于，它们已经超越了保护的范围，可以说是一种限制和约束。一个无法施展手脚的孩子如何独立发展？这样的孩子往往在成人后也是畏首畏尾踟蹰前行。而且由于事事都要经过父母的允许和批准，他们很难建立自信，生怕哪一步走错遭到指责，深陷对自己的怀疑当中。我们可以看到生活中那些唯唯诺诺的人通常都有一对家教严格的父母。

过度帮助孩子的父母，好似孩子的清洁工，他们不遗余力地帮助孩子清除所谓的障碍和困难，希望孩子不受困难的阻挠可以顺顺利利地前行。但人生本就不是一帆风顺的，每一次挫折的出现都是一次历练，只有在不断的磕磕碰碰中坚强成长，才能更好地独自面对更大的

风浪。如果长期为孩子清除障碍,很有可能出现的情况是,孩子无力独自面对这个残酷的世界。对父母产生过度依赖,而自身能力堪忧。父母出于关爱,处处施以援手的时候,也剥夺了孩子面对问题、解决问题的能力。

好的原生家庭的另一要素,就是要学会放手,适度给予孩子保护和帮助,给他们合理的空间去了解和探索这个世界。在孩子的能力范围内让他自己决定一些事情,他可以更自信也可以更有安全感,更重要的是,这种对掌控权的渴望以及成功实践,可以让孩子明白他是一个对别人有影响的人,是一个有用的人,是一个可以通过努力而改变世界的人。

终结原生家庭之伤，营造和谐家庭氛围

对于绝大多数人来说，原生家庭带来的伤痛已成为现实，无可挽回也无法改变，但这并不是说人们从此就要进入一种怨天怨地怨父母的状态。生活永远是向前看的。曾经的我们无知且弱小，无力纠正自己原生家庭的错误，但现在我们既然有了原生家庭的概念意识，那就不要让这样的悲剧再传递给其他人。终结这种伤痛，为下一代的原生家庭营造和谐是所有人的责任。

与孩子一起，重新开启自我成长

很多人都说，有了孩子之后，感觉之前的人生都白过了，一切都要重新来过。从某种意义上说，这是真的。当一个人有了孩子，他又

鼓励说幸福——阿依古丽幸福观

多了一份永远不会解除的关系，只不过这次他的角色不是孩子而是父母。孩子可以说是新生的父母，孩子身上有父母的影子但又不完全和父母一样，抚育孩子长大的过程，也是父母自己重新成长的过程。而自己荣升为父母，也是纠正原生家庭错误、创建新和谐家庭的最好时机。

很多父母，尤其首次做父母时常常不知所措，不知道怎样做才是正确的、合适的。他们仅有的经验和认知就是自己的父母，就这样，很多人有意识或无意识地又重新走了上一辈的老路。而这条老路走下去，有些伤害就传给了下一代。

要想避免重蹈覆辙，首先要客观地理解和认识我们自身已经存在的不足和缺陷。审看伤口总是痛苦的，但唯有狠心扒开这道疤痕，去了解它的成因和危害，才能帮助我们避免把同样的伤痛带给下一代。很多表面自我的人，恰恰内心是极度自卑的人。他的自我只是一块遮羞布，他不想让别人看出他内心的自卑，所以他尽力用唯我独大的表象来掩盖内心的缺失。只不过有些人，在长期的伪装下，渐渐忘了自己内心真正的需求，骗了别人也骗了自己，只能在受伤的路上越走越远。一个人内心的自卑常常是缺乏安全感造成的，而安全感的缺乏又常常是由父母不恰当的对待导致的。一方面，父母在其成长的路上没有付出足够的陪伴，孩子受伤受挫无人问津，遇到问题也无从求助。另一方面，父母偶尔的出现多数是指责和打骂，自尊心还未曾建立成熟就遭到过度的打压，这对任何个体来说，都是致命的打击。想让一个自我的人去真正认识到这些，不仅痛苦而且困难，但如果不想让悲

父母之爱，超越原生家庭的养育

剧继续延续，就必须学会直面伤痛。

将过往的问题和成因梳理清楚后，我们就要激发内心中爱的能量。这时的爱，不是爱别人，而是爱自己。当我们可以真正地拥有关心、理解和同情自己的能力，我们才能把这份爱传递出去，去真正地爱护、关切和抚育我们的孩子。爱自己，不是以自我为中心，不是认为自己什么都是对的，而是应该想一想，自己内心真正的渴求是什么。一个表面自我的孩子，他心底最深的需求是他人适当的关注、认同以及肯定。做得好的事，他需要得到鼓励；做得不妥当的事，应该得到合理的纠正。这样的孩子想要爱自己，首先就要明白，人无完人，但同时，人各有所长。坦然地面对自己的缺点，告诉自己，这些缺点不会使你低人一等，也不是一个人的标签，它们是困难更是机遇，正视缺点，寻求改变才是正确的做法。更要客观面对自己的优点，同样告诉自己，这些优点也不会使你高人一等，更不是某一个人独有的本事，它们是上天赐予的礼物，我们要学会珍惜和礼遇。只有在爱的滋养和帮助下，我们才能更真实、更准确地认识自我、实现真我。也许每个遭受原生家庭伤害的人都是某种意义上的受害者，而爱自己就是要我们走出受害者模式。走出这个模式的最大意义在于，从此我们方可掌握自己人生的主动权，不再仅仅是原生家庭产出的果实。

唯有如此，才能真正终结原生家庭之伤，实现新的自我成长。

鼓励说幸福——阿依古丽幸福观

延续爱的能量，校正爱的方式

走出原生家庭的阴影后，我们就要建立起自己的和谐家园了。这个家从某种意义上讲是一个新家，我们当然想竭尽所能去建立真正的和谐家庭，但这不是易事，毕竟我们与原生家庭血缘的根源还在，受到影响不可避免，这是分离不开割舍不断的。不用怕，或许我们曾经受过很多伤，但绝大多数人还是顺利地完成了成长，开启了自己的事业和家庭，因为原生家庭给予我们的不止是伤害，更多的是爱。

当我们开始组建自己的新家时，不用急于舍弃之前成长路上的一切，也不用处处害怕自己重蹈覆辙。仔细回想，也许我们挨过父母的训斥，也许我们受过父母的忽视，也许我们独立较晚，但我们最终长大成人，父母之爱依然炽热、浓烈地守护着我们。这份感情，我们不能否认，也不能忽略。你每天匆忙地挤着地铁加着班，心思都放在工作上、孩子身上，很难记起问问老母亲家里起风了吗，但父母还是会过一段时间就小心翼翼地给你发个信息试探一下：忙吗？可以打个电话或者视频吗，也没什么事就是想你了。

和谐的家庭氛围永远需要的都是爱的供养，而这份来自我们自己原生家庭的爱，也是供养我们、供养孩子的爱，这份爱我们要接收也

父母之爱，超越原生家庭的养育

要延续下去。这根爱的接力棒，我们要从父母那里接过来，传递给我们的孩子。告诉父母，您的爱我们从来都知道，我们很感恩，从未遗忘，但我们必须出发，必须向前，把您的爱一代一代地传递发扬。也告诉孩子，等你们长大后，你们也要肩负起传递爱的责任，血缘不断，关爱不断。

当然，爱最大的悲剧就是打着爱的旗号却做着与爱背道而驰的事。既然伤害是事实，那就证明曾经爱的方式出了偏差。除了延续父母之爱之外，校正不合理的爱之方法就是营造和谐家庭氛围的重要环节。以好的原生家庭标准为指导目标，给予孩子充足陪伴的同时，又不限制其独立自主的发展，这就是建立和谐家庭最基本的根源。

李先生家是一个典型的男主外女主内的传统家庭，丈夫负责在外工作赚钱养家，妻子在家做全职太太照顾女儿起居。李先生深知从客观上来讲，他陪在女儿身边的时间有限，所以每天下班后都会抽出半个小时的时间待在女儿身边，有一段父女独处的时光。父女俩在一块也不一定非要做什么，如果女儿有事想说，李先生就认真聆听；女儿如果只是分享感受，李先生就陪她一起高兴或是郁闷；女儿如果是有困惑，李先生就会一步步鼓励女儿说出前因后果，并帮她分析，引导她自己想出解决办法。有时，父女俩甚至没有直接交流，只是李先生陪着女儿写作业，或者一起看看电影听听歌，做什么不重要，重要的是用心的陪伴。李太太则相反，因为是全职太太，母女相处时间很多，这时李太太就会刻意离开，不去打扰父女俩，她也去做自己的事，丰富自己的个人生活，比如刺十字绣，织毛衣，甚至学习一门外语提升自己。女儿在妈妈这里得到了应有的空间，并且妈妈的上进也给女儿做了很好的榜样。

　　由此可见，营造和谐家庭氛围并不难，重点是用心去经营。

为和谐家庭立法

不幸的家庭有各种各样的不幸，幸福的家庭却有着类似的幸福。在这幸福的背后，除了上天的眷顾，更多是组成家庭的人用心经营的结果。一个和谐的原生家庭，需要家庭里每一名成员都付出真心和努力，而作为家庭核心的父母自然是主力。所以，塑造一个和谐家庭，需要父母以爱为指导，遵循合理的方法与规则，共同培育幸福的港湾。

不要把孩子三角化

生活琐碎而复杂，夫妻偶尔拌嘴吵架本也不是多么大不了的事，而且适当地表达和发泄情绪其实反倒有利于关系的维系。但在现实生

鼓励说幸福——阿依古丽幸福观

活中,很多夫妻出现矛盾时不直面问题,而是把解决问题的压力转移到了孩子身上,让孩子出面做决断,甚至把对对方的怨恨发泄到孩子身上,这对孩子的心理健康有着非常严重的负面影响。

想必每个人都有过类似的成长经历,父亲长期忙于工作,或者是在外工作常年不回家,或者是人虽不在外地,但也经常早出晚归,较少参与孩子的培养与教育。与此同时,母亲或是全职家庭主妇,注意力一心扑在孩子身上,或是母亲自己也有工作,平常内外兼备十分辛苦。此时若孩子出了一些问题,比如某次考试成绩不理想,父母的典型对话就是:"你儿子的学习成绩你也不管管,成天就知道在外面忙,也不知道忙啥!""你成天在家待着,怎么教的孩子,不愁吃不愁穿的成绩还这么差!"这种对话表面上听着是夫妻互相指责彼此对孩子教育的失职,但其实他们说的是孩子。最恐怖的还是,在孩子听来,爸爸妈妈的矛盾都是由自己造成的,因为自己没考好所以爸爸妈妈吵架了,是自己犯了错,所以爸爸妈妈不开心了。在孩子心里,就会把所有责任都归结到自己身上,长期积累下来,孩子就会变得非常小心翼翼,生怕自己有一点点过失惹爸爸妈妈不高兴。

除了指责之外,这种利用孩子逃避矛盾的父母还有一种常见的套路,就是抬高孩子,给孩子放权。这种情况,父母常用的表达就是"儿子说的,晚上想吃羊肉不想吃牛肉。""女儿喜欢看中秋晚会不看足球新闻。""儿子让你早点回家别在外面喝酒。""女儿的心思你怎么就不明白呢?"等等。这些说法表面上是尊重孩子意愿,其实却是利用孩子这个第三方去压制伴侣,这样的相处模式对孩子同样会造

父母之爱，超越原生家庭的养育

成非常大的压力。如若只是偶尔涉及晚饭吃什么，电视看什么这种小事倒也无伤大雅，甚至也许会增添很多生活的趣事。但很多父母在习惯使用孩子这块挡箭牌之后，孩子就成了掌握家里"生杀大权的实权人"，他谁都不想得罪，更是谁都不想伤害，往往左右为难，心力交瘁，乃至逐渐变得郁郁寡欢。

长期恶性的三角化会严重影响孩子今后的自我发展，这种发展直接影响的就是孩子与父母的关系，这种关系会出现畸形的变化，从而也会潜移默化地影响孩子与别人的相处模式。首先，他们可能选择逃避关系。他们会认为，既然你们的矛盾是因为我才出现的，那我离开，你们是不是就没矛盾了；既然你们的问题是需要我来解决的，那我走掉，你们是不是就可以自行处理了。很多父母都觉得孩子与自己越来越疏远，什么话也不愿意说，什么事也不愿意参与，也许在父母逃避解决矛盾的同时，孩子也为了保护自己而逃离了父母。其次，不是所有孩子都选择两不相沾，也有孩子会做出选择帮助某一边。而一旦选择了某一方，他就要继续维护下去，帮助一方去对抗另一方。但问题在于，孩子本身并没有强烈的信念去认同他帮助的那方就是对的或者他反抗的那方就是错的。此时的孩子更像是父母抗衡的武器，他既然选择了立场那就要按照立场的形势表达感情，即使他自己并没有这些想法。最后，当孩子认为这一切都是自己的错，认为解决问题的责任在他一人身上，但他又无计可施时，孩子就会陷入深深的自责中，而这种自责就会慢慢转变为极度的自卑。一旦这种自卑形成，他们就会认为父母吵架是他们的错，朋友吵架是他们的错，同事吵架是

鼓励说幸福——阿依古丽幸福观

他们的错,总之矛盾的出现和无法解决就是他们的错。

和谐家庭第一法则,就是永远不要利用孩子来解决问题,尤其是父母之间的夫妻问题。在家庭生活里,夫妻之间出现问题很正常,鲜有不争吵、意见丝毫没有分歧的夫妻。但既然是夫妻之间的矛盾,那夫妻就有责任和义务自己想办法解决,而不是把孩子当作挡箭牌,更不能把这份责任推出去让孩子来为自己撑腰。孩子不是我们用来缓解矛盾、处理矛盾的工具,有些冲突和矛盾既然实实在在地出现了,我们就要勇敢地去面对,这是我们应该做的事,也是我们必须做的事。两个人的问题只能是由造成问题的双方来解决,无论出现的是何种问题,只有双方去努力沟通、调解才能真正打开彼此的心结。回避解决问题的责任,其实回避的不是难题,而是家人间彼此亲近的机会。如果你的家里出现了问题,不妨试试与伴侣在完全不涉及孩子的前提下深入交谈至少半小时,可能只有硬生生把孩子暂时剔除一会儿,才能让夫妻更清楚地看到,彼此间有很多可以交流的心事,彼此间有很多可以解决烦恼的方法,从而意识到夫妻的和谐才是一个家庭和谐的根本。

爱在点点滴滴间

很多幸福家庭里的父亲总有句玩笑话:"家里大事我说了算,小事孩子妈妈说了算,但家里没啥大事。"这句话不仅表明,父母要相濡以沫互相扶持,还说出了一个重点,那就是家是由一件件"小事"

父母之爱，超越原生家庭的养育

组成的。很多父母总有一个误解，认为大的牺牲才是爱的表现，比如夫妻已走到离婚的地步，但为了孩子，他们选择不离婚；又如为了给孩子出钱结婚，他们选择卖掉房子；再比如为了照顾准备高考的孩子的日常起居，夫妻一人选择辞职留家等。这样的选择不能断言是对还是错，因为不同的家庭会产生不同的结果。至少我们可以确认一点，父母做选择的出发点确实是爱，这也确实是一种爱的表现。但这就够了吗？绝大多数的家庭日复一日都是围绕柴米油盐发生的生活琐事，难道这些家庭就无法表达爱了吗？当然不是。其实，日常生活中的小事才是最能表达爱，也是最应该表达爱的。

　　王先生一家是普通的工薪家庭，家里有卧病在床的老母亲和读高中的女儿。这个家很普通，普通到房子是郊区的筒子楼，夫妻俩的工作是厂里普通员工，女儿是最容易被忽略的中间生，一家人个子都不高、其貌不扬，真的是扔在人群里显不出的那种。这样的家庭里有所谓的大事吗？可能没有，他们不用为了孩子去牺牲婚姻或者工作，他们也没有为了孩子而失去自我，夫妻俩还时不时携手看个话剧什么的。每天早上，父亲先起床做早餐，稍后母亲起床叫醒女儿，然后给老母亲洗漱，随后一家人吃完饭该上学的上学该上班的上班。晚间父亲接母亲共同回家，准备晚饭，等孩子回来后一边招呼吃饭，一边询问孩子的校园生活，如果发生有趣的事一家人就一起笑笑，如果遇到问题一家人就一起思考怎么解决。饭后，孩子去写作业复习，夫妻二人收拾屋子、照顾老人，再默默准备一份果盘给孩子送去，然后去看电视。晚上11点左右，全家人互道晚安进入梦乡。他们的生活就这样日复一日年复一年,像齿轮一般机械前行着。但这个家里的爱可能要比那些做了大牺牲的家庭充足得多。

有人总会不以为然地说:"都是一家人在乎这些小事做什么?"殊不知,正是这一件件小事构成了我们的生活,带给了家庭成员或温暖,或快乐,或失落,或伤感的情绪体验,逐渐形成了我们的家庭氛围,奠定了家庭幸福或不幸的基调。因此,也许切切实实应该在意的,就是浸润在生活中的小事。

让孩子知道你很重视他

　　心理学家曾经做过实验，让妈妈无论面对孩子什么反应，都要面无表情，从而观察妈妈的反应对孩子的影响。实验情况显示，一开始的时候，孩子会感到困惑，他不知道为什么妈妈不理他，渐渐地他会感到焦虑，他担心妈妈是不是生气了，后来他会不知所措，他不知道应该如何应对这种情况，最后他会号啕大哭，他怕失去妈妈。这个实验虽然对象是妈妈，但爸爸也会有同样的效果，孩子面对父母的不回应是会产生强烈的负面情绪的。生活中，如果长期受到父母的忽略和冷落，孩子很难获得愉悦和幸福的心理体验。所以不要吝惜对孩子的回应，大方地表达你对他的重视，让孩子明白他对你很重要，是你生命里不可忽视的一环。

鼓励说幸福——阿依古丽幸福观

听孩子说话，走耳更走心

作为孩子最重要的心理依靠，其实孩子内心是最想跟父母分享心事的。即使是随着孩子年龄的增长而拥有了朋友等其他社交关系，但他们对父母的依赖依然存在。很多父母总会抱怨，孩子长大了，什么都不跟父母说了。父母们有没有认真思考过，当孩子们说话的时候，你们用心听了吗？

这样的场景不知你是否熟悉，孩子放学回来，全家人一起围在桌前吃晚饭，孩子兴冲冲宣布他今天在学校的事迹，可能是他答对了一道题得到了老师的夸奖，可能是他帮助其他同学搬桌椅，也可能是他跟同桌进行了一场在大人眼里看似无聊的对决并且取胜……你并不确定是什么事，因为此时的你也许在刷手机，也许在放空，也许在想工作的事，你没有去听孩子在说什么，而孩子也逐渐意识到了这一点。就在这样一次又一次的忽略中，孩子选择不再跟父母聊天，理由也很简单，说了也不会有人听，那为什么还要说呢？

当然有很多父母也听孩子说话，只不过他们从不认为自己是听众，他们永远都要掌握话语权。还是那个放学回家的孩子，他跟爸爸妈妈说，我今天答对了一道题，老师夸奖我了。还没等下文，父母就接话道，答对一道题有什么可骄傲的，什么时候考第一再高兴吧。他跟爸爸妈妈说，我今天助人为乐，帮助同学搬桌椅。父母道，你自己

父母之爱，超越原生家庭的养育

的事处理明白了吗？怎么还有工夫去帮别人干活？他跟爸爸妈妈说，我今天和小明比赛谁作业写得快，我赢了。父母道，别把精力放在这些无聊的事上，你怎么不和小明比谁分数考得高……孩子的话，父母确实听了，但他们没有听懂，孩子想做的是分享快乐，不是询问意见。

父母聆听孩子说话，一是要用耳听，给孩子做出回应；二是要用心听，去理解孩子的需求是什么。只有真正地听到孩子说话，听懂孩子说话，以孩子为中心而不是自说自话地发表评论，父母才能真正了解孩子想什么要什么，才能让孩子真正感受到爱和理解，也才能让孩子以同样的爱反馈父母。

不要吝惜对孩子的欣赏

中国的传统文化一向是比较含蓄的，尤其是父母对孩子的态度，严厉之爱貌似更是我们比较推崇的方式。似乎每个人从小到大都认识一个"别人家的孩子"，这个孩子既听话又懂事，长得漂亮学习又好，老师喜欢家长自豪，总之就是所有人的榜样。其实世界上哪有十全十美的孩子呢？在父母批评自己家孩子的同时，也许那个"别人家的孩子"也在受批评。

在孩子还在身心发育的阶段，父母的鼓励和赞许起着举足轻重的作用。其实，从婴儿呱呱坠地开始，他们的很多行为就是为了一个

目的,那就是吸引父母的注意力,尤其在非独生子女的家里,这种情况会更明显。孩子想吸引父母的关注,想获得父母的肯定,是因为父母对他们来说是最重要的人,是他们最在乎的人。这种心态在孩子长大成人后也许会转移,比如在工作岗位上希望获得上司的关注,在朋友圈里希望获得伙伴的关注等。而且少时父母关注度缺失越强烈,成年后他们对寻求其他人关注的需求就越大。这些关注和认可的真正意义在于对孩子自尊心和自信心的培养。在一个充满鼓励和表扬的家里,孩子通常也更容易实现自我认可;相反,在一个只有纠错和指正或者不理不睬的家里,孩子常常易陷入自我怀疑和自我否定中。

张女士家有两个孩子。在孩子未成年时,张女士常常忙于工作,与孩子聚少离多,回家时也多自顾自地不太管孩子的事。偶尔两个孩子去黏妈妈跟她说话,张女士也像对待下属一样,纠错指正孩子们学习上的问题。与母亲亲密关系的长期缺失让两个孩子成年后形成了两种完全不同的处事风格,哥哥自大、自我,对任何人说的话都不屑一顾,喜欢否定别人,喜欢下结论,喜欢指挥其他人做事,要求所有人必须听他的,认为只有他是对的。而妹妹则相反,内向、自卑,非常在意其他人的态度,不敢肯定自己,对别人听之任之,以满足他人的需求来满足自己,永远认为自己不够好,不敢交朋友,更不敢谈男朋友。

父母永远不要吝啬对孩子的鼓励,你的关心、认同和赞许,不仅要留在心里,还要表现在语言上、表情里包括身体动作上。也许由于

父母之爱，超越原生家庭的养育

孩子性格的不同，他们不会热情地回应你的肯定，但请一定要相信，孩子内心不但接受也非常需要这份关心和爱护，而他们的健康成长就是对父母最好的回应。

善于捕捉孩子的不良情绪

成人世界的烦恼到处都是，多到父母已经忘了孩子的世界里也有烦恼。哪种烦恼更困扰、更痛苦我们不予评价，既然是烦恼，那就会对人产生负面的影响，难道只有压垮骆驼的最后一根稻草才值得重视吗？

电视剧《小欢喜》里，乔英子品学兼优，家长和老师都给予厚望，所有人都知道只要不出大的意外她都可以顺利进入清华大学。谁知这样一个让人钦羡的优等生，却在临近高考的时候诊断出中度抑郁。心理医生询问英子，"你有过自杀的想法吗？""有过。""你有过自杀的实际行动吗？""有过。""你失眠吗？""一个月了，成宿成宿睡不着。"坐在旁边的父母就这样瞠目结舌地听着，他们无法想象天天生活在自己眼皮子底下的乖宝宝竟然默默承受着这些痛苦，莫名其妙地患了心理疾病。难道是这对父母不够爱她吗？当然不是，乔英子的妈妈每天起早贪黑无微不至地照顾乔英子的起居，帮她处理生活中各种问题，以便她把所有精力都放在备考上。乔英子爸爸也是各种满足女儿需求，只为女儿高兴。但就是在这样一个"充满爱"的家里，

103

乔英子还是病了。随后医生问了妈妈，"您和您丈夫的关系好吗？"随后问题的根源逐渐被找到，医生告诉乔妈妈，乔英子的问题源于原生家庭，父母离婚关系破裂、相处不融洽这些才是英子心理疾病的根源。

孩子不是演员，他们很难刻意隐藏自己的不高兴或不愿意，但问题是，父母总是站在成人的视角去帮助孩子做判断，所以常常被自己的认知蒙蔽住了双眼，而没有观察到也许孩子此刻并不开心。其实只要稍微用点心，父母就可以很容易地从孩子的话语中、表情里发现他们不良情绪的端倪，给予孩子及时必要的安抚，这对走进孩子内心，帮助孩子健康成长有着至关重要的作用。

常与孩子沟通谈心，与孩子建立亲密关系

孩子与父母虽然有着天生的血缘连接，但这种亲密关系也需要父母不断维护，尤其随着孩子长大，他们也逐渐有了自己的心事，父母若想真正地实现对孩子的帮助，就要做到经常与孩子交流，及时了解孩子的心思。

不把孩子当孩子

孩子虽然年龄小，心智不够成熟，但这并不代表他们没有自己的想法，更不代表他们不在乎尊严。小孩子也有自尊，面对孩子，家长应该把他当作一个独立的个体，让孩子可以和家长站在同一高度说话。这种平等的沟通态度非常重要，对孩子今后形成对自己的认知和

鼓励说幸福——阿依古丽幸福观

对世界的认知都会产生影响。

很多家长在嘱咐孩子的时候都会说"要乖，要听话"。孩子乖巧听话是错吗？当然不能算错。这里的问题在于，"听话"似乎暗示了一种亲子关系，那就是父母永远是对的，孩子永远需要父母帮助，甚至父母比孩子高一等。事实当然不是这样。父母的经验是从他们的时代积累而来，与孩子的时代和环境并不全然相同。曾几何时，别说智能手机，手机还是一种奢侈品，而现在手机早已作为一种必需品出现在人们的生活中，这种社会的差距就导致了我们很难把曾经的经验全盘传递给孩子，也许一些大局的思想依然有用，但很多具体的细节早已过时。慢慢地我们也要发现，孩子对父母的依赖和需要越来越少，甚至他们非常急于"摆脱"这种依赖，他们用长大在证明他们对父母的不需要。或者，不是孩子需要父母，而是父母需要孩子。父母给予了孩子生命，肩负了培育下一代的职责，但这种责任并没有赋予他们高出一等的优越。纪伯伦的诗作《你的孩子其实不是你的孩子》里早就写道："你的孩子，其实不是你的孩子；他们是生命对于自身渴望而诞生的孩子；他们通过你来到这个世界，却非因你而来；他们在你身边，却并不属于你……"我们将孩子带到这个世上，可以给予他们爱，我们可以尽力保护他们不受伤害，但我们无法顽固地把自己的思想灌输给他们，我们能做的，就是与他们进行沟通和交流，并努力去追赶他们前进的脚步。

与孩子有效沟通，尊重孩子的想法和做法非常重要。很多父母

106

父母之爱，超越原生家庭的养育

总是认为，孩子的很多想法和做法是非常幼稚和不成熟的，甚至是错的，怎么可以听之任之呢？这里请各位父母不要扩展理解尊重的含义。我们尊重孩子，不是要永远以批判的角度去审查他们的行为，而是以平等的姿态去了解他们的想法。父母当然有权而且也应该保留自己的认知，孩子想法和做法的不成熟是必然的，我们可以不认同，但不能不分青红皂白地横加干涉。有一个小朋友叫丹丹，有一天妈妈去幼儿园接她放学，老师跟妈妈反映了一件事，当天有其他小朋友没有带画笔，向丹丹求助借一支，丹丹不仅没有借，还把小朋友推倒在地上。其实小孩子护自己的东西，本也不能算一件大事，只不过她现在还没有学会什么叫分享。丹丹妈妈当时多多少少感到有些尴尬，但她没有生气，在跟老师了解了具体情况并安慰了那位小朋友后，丹丹妈妈询问丹丹为什么要这么做。丹丹说，上次舅舅家姐姐来用画笔，把画笔摔坏了。原来是这样。丹丹妈妈知道了背后的原因后，首先告诉丹丹以后遇到类似的情况可以怎么做，然后教给了她分享的道理，并且第二天上学让丹丹再次跟那位小朋友道了歉。

付出行动胜于千言万语

如果有比语言更有力的沟通，那就是以身作则的行动。生活中有很多家长都是不善言辞的，他们也没有很多精彩的故事去跟孩子讲。

鼓励说幸福——阿依古丽幸福观

但他们每天兢兢业业工作，细心照料老人，这些孩子都看在眼里，对于他们来说，爸爸帮妈妈刷一次碗，远比爸爸说十遍你要帮妈妈分担家务有用得多。父母用行动为孩子做榜样，可以为自己在孩子心中树立威信，也可以培植孩子对父母的信任感。

进入大学后，孩子算是正式离开家独自生活了。大学宿舍里，少则两三人，多则八人，每个人的生活习惯都不尽相同。这时就会发现，有的人早起，有的人晚睡，有的人床铺、桌椅整洁干净，有的人随心随意不拘小节，有的人生活自理不用操心，而有的人连洗衣服都不会……如果再进一步了解就会发现，那些有相对较好习惯的同学，往往家长本身就拥有很好的生活习惯，对孩子的习惯行为培养方面也有一定要求，这里就体现出了身体力行的榜样作用。

人类的习得就是从模仿开始，而作为对孩子影响最大的人，父母的行为就是对孩子无声的宣告，宣告一种"正确"做事的方式。很多家长都有一个误区，他们认为我做我的，然后我把该说的跟孩子说了，孩子只要听话那他就不会犯错。而现实是，孩子看到说一套做一套的父母，不但不会听话，还会去模仿父母实际的行为，更重要的是，他们很难再相信父母的话，因为他们知道父母说的跟做的根本不是一回事。与此同时，父母却认为一切都是孩子不听话的错，只要他们听话，所有问题便迎刃而解。可曾想，他们不是不听话，而是听了更有力的行动的话。

父母之爱，超越原生家庭的养育

  孩子作为独立的个体，理应受到同样的理解和尊重，互尊互爱的沟通方能产生共情，方能真正打开孩子心扉。而想要沟通更有效更省力，就不要只在语言上"唠叨"，切切实实地付出行动，孩子自会领会。

鼓励说幸福——阿依古丽幸福观

鼓励语录

- 家需要父母合适的爱护。
- 家需要纠正以往的错误。
- 家需要和谐安定的法则。
- 家需要用心体会的关注。
- 家需要互尊互爱的沟通。

智慧父母，引领孩子未来

《三字经》中有云："养不教，父之过。"它提醒广大父母：养育子女，不仅仅要养，还要育。除了重视他们的吃穿，还不可忽视对他们的教育。不过，可能会有人提出质疑："教育不是学校的事，教师的职责吗？"没错，教育确实离不开学校、教师，但也离不开父母的协助。孩子人格、品行、爱好、性格、气质等方面的培养及塑造是需要父母从孩子出生那一刻起就一点点引导和培养的。作为新时代的父母，我们更应该懂得武装自己，认真研究和学习教育孩子的学问，争做能正确引领孩子未来的智慧父母。

鼓励说幸福：阿依古丽幸福观

充分尊重孩子，做孩子的好朋友

孩子是独立的个体，当然也需要被尊重

什么是独立？独立就是依靠自己的力量去做某事。孩子作为一个生命个体，也是独立的个体。因此，作为父母，我们不能因为生养了孩子而剥夺他们的一切独立自主的权利。这一点，西方国家的大多数家庭都做到了。在西方家庭中，父母很尊重孩子的独立人格，让孩子在很小的时候就懂得自己的事情自己做，不依赖于他人。然而，在我国，孩子似乎永远都被当作"小人物"来对待，孩子在家庭中没有与父母同等的权利，特别是选择权，以至于造就了很多"啃老族""妈宝男""大小姐"等。

要知道，自尊犹如孩子成长的"助跑器"，一旦损毁了这种动

 鼓励说幸福——阿依古丽幸福观

力，可能也就毁掉了他们的一生。因此，聪明的父母要懂得将孩子与自己摆在平等的高度上，让孩子懂得彼此是没有高低之分的，可以成为无话不说的朋友。父母与孩子要互相尊重，不要将自己的意愿强加于对方身上。特别是父母，要懂得尊重孩子的想法，即便是不切实际的"奇思妙想"也不要直接否定。每个孩子都是从幼稚逐渐走向成熟的，父母不要剥夺他们"走弯路"的权利，因为很多事情只有自己亲身经历了才能从中醒悟。

在现实生活中，大多数父母都清楚尊重孩子的重要性，但经常因为孩子某些"错误"的行为而控制不住地暴跳如雷，甚至忘记了孩子也是有"自尊"的。例如，"你是不是闲的？""别在这装可怜！""活该，我提醒过你的。""离远点，我忙着呢。""这道题我都讲多少遍了，你怎么还能错！""你看看北北，多有礼貌，你什么时候能像她一样？"……甚至有些父母会拳脚相加，不仅摧残着孩子的肉体，还打击着孩子的自尊心理。父母要清楚，打骂不但解决不了目前孩子存在的问题，而且可能会让孩子滋生更多的心理问题，如恐惧、厌烦等。

在没有孩子之前，相信很多人会认为自己以后一定会是一个温柔的妈妈或爸爸，一定会深得孩子喜爱。但当我们真的有了孩子以后，才意识到，之前的想法过于单纯，因为孩子是一个独立的个体，他们会按照自己的想法成长，会带来很多"麻烦"。有时，我们也在思考一个问题：是不是对孩子的管教太多？

桐桐从会走路开始，仅因为在家光脚在地上走就引发了几次家庭纷争，前两次因为桐桐光脚在地上走还不听劝，遭到爸爸的呵斥，甚

智慧父母，引领孩子未来

至被打屁股，为此妈妈跟爸爸产生争执，埋怨他不该这么粗暴，要耐心说教。于是，接下来桐桐妈妈尝试耐心说教的办法，遇到桐桐光脚时就立即提醒。可是，桐桐总是需要爸爸妈妈提醒才能想起来，一旦他们没注意、未提醒，桐桐依然是光脚下地走。终于有一天，妈妈也失去了耐性，对桐桐大声说道："能不能记得穿鞋，说多少次了，有没有点记性……"没等妈妈发泄完，桐桐径直走向了自己的拖鞋，一边穿鞋一边大声地向妈妈喊道："好啦，好啦，别说了，我知道了。"妈妈听到后，突然有种哭笑不得的感受，似乎也从一个三岁小孩身上看到了她十几岁二十岁的影子。顿时，心里有一种说不出的感觉。

事后，妈妈也反省自己是不是管得太多。我们的苛责会给孩子增加无形的压力，一旦这种压力在孩子心中聚集，总有一天会爆发的。光脚下地确实不是好习惯，但很多时候孩子光脚是因为沉浸在自己的世界，可能专注于玩自己的游戏，可能在认真想着什么。此时，父母的说教不但打断了孩子的注意力，还伤害了孩子的自尊。对于孩子暂时无法自主修正的行为，我们不妨多一些耐心，要相信他们会长大的。其实，桐桐妈妈不妨想一些其他办法，比如给地上铺上泡沫垫，给桐桐穿上袜套；当发现孩子第一次主动想起穿鞋下地时，给予表扬和鼓励等。

在教育孩子时，父母必须注重对孩子自尊的保护，言语不要过于激烈，以免伤害孩子幼小的心灵。事实证明，宽松、没有负担的环境更利于孩子的学习和成长。

父母要做到尊重孩子，可以从三个方面入手。

鼓励说幸福——阿依古丽幸福观

首先,尊重孩子的想法和做法,尽量不要干预太多,不要将自己的想法强加于他们身上,要信任孩子。

其次,为孩子营造一个宽松、愉快的成长环境,用温和的语气、平等的姿态面对孩子。孩子一旦犯错,不要嘲笑孩子。

最后,坚信孩子会长大的,很多暂时无法解决的问题,会随着时间的推移而得到修正。

放下"高高在上"的身份,以好朋友的姿态面对孩子

明智的父母甘愿放低自己的姿态,以好朋友的身份对待自己的孩子,与孩子分享彼此的想法。现实也告诉我们,父母和孩子像好朋友一样相处,更容易拉近彼此的距离,使孩子愿意敞开心扉,分享自己的真实想法。

三岁的航航在家里玩搭积木,可是搭到一个地方的时候怎么也搭不好,气得顺手将手里的一块积木扔向了坐在对面的妈妈。妈妈见到此景,心里不由得一阵后怕,这还了得,以后如果遇到不顺心就拿父母或身边的朋友撒气怎么办?于是,将孩子拉到自己面前,假装严肃地说:"请跟我道歉。"此时,原本还沉浸在自己的积木世界中的航航被妈妈生气的样子吓坏了,乖乖地跟妈妈说:"对不起妈妈,以后不这样了。"妈妈看见孩子诚恳的样子,蹲下来,张开双臂,将航航揽入怀中,说:"没关系,以后不要再这样了就好!"又一天,妈妈在跟

智慧父母，引领孩子未来

航航玩游戏时不小心拽疼了航航的胳膊，航航委屈地说："你拽疼我了，跟我说对不起。"妈妈起初有点放不下面子，后来想想还是诚恳地说了："对不起，妈妈不是故意的，下次小心。"航航听到后，满意地抱抱妈妈，并轻拍妈妈后背说了句："没关系，以后要注意哦。"原来，孩子的世界如此简单，一句"对不起"就能让他满足。

之后，航航妈妈发现这种像朋友一样的相处模式很适用于他们，于是不管遇到什么事儿，她都尽可能地以朋友的身份倾听、开导航航。航航经常会跟妈妈分享自己在幼儿园发生的小秘密，妈妈都会充满耐心地跟着航航一起笑，一起难过，并不忘适时给出一些建议，航航也乐于接受妈妈提出的意见。

作为父母，我们不怕没有足够的物质供养自己的孩子，只怕没有富足的精神食粮给予我们可爱的孩子。孩子总有一天会长大，离开父母，为自己的学业和事业打拼。此时，我们已经慢慢衰老，能持续补给给他们的也许正是当初我们看似微不足道的尊重。当他们遭遇人生转折或者遇到生活琐事时，会想到你这位"老朋友"，说明你与他是真正交过心的。这种珍贵的"友谊"是孩子成长过程中的一剂良药，可以让他更健康、自信、快乐地学习、工作和生活。

作为父母，究竟要如何与孩子像朋友一样相处呢？

首先，父母给予孩子尊重。父母不要以自己的想法衡量孩子的思想，这样很容易让彼此之间产生隔阂。对于孩子的想法，不管是否合理，都不要责骂。当发现孩子做的事情是不正确的，要想办法用孩子能接受的方式教导他们。

鼓励说幸福——阿依古丽幸福观

其次，父母尝试做一个孩子。如果你的孩子只有三岁，不妨你就扮演一个三岁的孩子，理解他的想法和行为，从孩子的角度看问题，这样就更容易产生情感上的共鸣。父母要学会换位思考，想想自己在很小的时候是怎样面对各种问题的？你的父母是如何教育你的？这样你就更容易理解自己孩子的想法和做法了，也更清楚用什么方法教育孩子更合适。

再次，不要一味地呵斥孩子。当孩子犯错时，父母要控制好自己的情绪，用合理的方法教导孩子，耐心指出孩子的错误并帮助其改正。

接着，父母要说到做到。孩子是天真的，所以在孩子面前你一定要是一个讲诚信的人。不要轻易许下承诺，一旦承诺，就必须做到，否则孩子会慢慢失去对你的信任。

最后，父母做错事情也要道歉。自己做错事时，要学会向孩子说"对不起"，这样孩子才能觉得你与他/她是平等的。认错要诚恳，这样孩子也会清楚要对自己的行为负责，自己做错了事情就必须自己承担后果。

培养孩子自信，让孩子更有担当

自信的孩子更容易走向成功

人生最可靠的资本是什么？是金钱？是权势？还是家世？其实都不是，而是自信。在现实生活中，一个成功的人士，他一定是充满自信的；自信心越强的人，也越容易走向成功。当然，这种自信是恰到好处的，而不是过度膨胀的。

如果一个孩子总是看轻自己的能力，缺乏自信，那么在未来他也将难以成就伟大的事业。看看街头那些身体健全的靠乞讨为生的流浪者，他们身体健康却不懂得通过劳动改善自己的生活；而一些身体残缺的孩子却知道只有刻苦学习，才能改变自己未来的命运，才能过上

鼓励说幸福——阿依古丽幸福观

与正常人一样的生活，甚至梦想能为社会做出些许贡献。这就是强者与弱者的区别，即便在逆境中，强者的心胸始终都是宽广的，而弱者永远走不出狭隘的内心。可见，自信对于一个人是多么重要。

自信的孩子往往会有这样几个特点：其一，清楚自己的目标；其二，相信自己有足够的能力实现这个目标；其三，能在实现目标的过程中积极应对各种问题，不容易被眼前的困难打败；其四，达到这一目标后，继续满怀信心地设定下一个目标。可见，自信的孩子清楚自己要通过什么途径获得自己想要的结果。通过一个个小目标的实现，最终就会迎来自己的成功。

孩子的自信心离不开父母的鼓励和培养

对于培养孩子的自信心，不少父母都提出了这样的问题："我家孩子胆子有点小，做什么事情都不是很自信。"对此，父母不必太焦急，要根据自己家孩子的实际情况，有针对性地进行鼓励和培养。

有一次在图书馆，一位爸爸在给女儿讲解数学题。小女孩算了几遍都没算对，爸爸忍不住大声呵斥道："怎么还算不出来，真没用！"爸爸越着急，小女孩越紧张越算不出。爸爸的训斥声越来越大，在安静的阅览室异常刺耳。其他小朋友和家长都好奇地看着小女孩。小女孩的脸涨得通红，头越来越低，不敢吱声，恨不得找个地缝钻进去。据说，小女孩很擅长演讲和背诵古诗词，而不擅长数学。

智慧父母，引领孩子未来

　　这位父亲的做法显然有些过于急躁，不应该在大庭广众之下如此训斥自己的孩子，这样会让孩子很没面子，甚至容易伤到孩子的自尊心。一旦自尊受挫，孩子即便在其他方面有诸多特长，也很难满怀自信地展现自己。这个女孩在演讲和背诵古诗词方面很出众，爸爸应该发现并发扬她的优点，不要一味地强迫她学好不擅长的数学。

　　面对孩子不擅长的事物，父母应该多一点耐心，不妨暂时放一放。当孩子在其他方面树立起了自信，会更加积极主动地弥补在此方面的不足。

　　世界上没有完全一样的人，同样没有性格完全相同的孩子。作为父母，要想提高孩子的自信心，首先要认真观察和发现自己家孩子的特质，尽可能地挖掘孩子的特长，通过发展孩子的特长，让孩子学会解决自己面临的诸多问题，从而逐渐建立自信。有了自信，孩子自然会变得勇敢和坚强。

　　对于孩子的自信心，父母应该在孩子出生时就开始培养。要告诉孩子：不管你是高还是矮，是胖还是瘦，是美还是丑，是健康还是疾病，是聪明还是笨拙，你都是爸爸妈妈的最爱，是最独特的孩子，我们会永远爱你。

　　父母要清楚，每个孩子都不是完美的，我们要做的是发现孩子身上的闪光点，这样才能将孩子的自信和勇敢激发出来。

　　一个孩子，也许他画画不太好，但他对音乐和舞蹈特别敏感，能跟着节奏自由编创一支完整的舞蹈，并且做到表情到位；也许他文化课不太好，但有着无人能比的口才；也许他没有什么才艺，但特别招

鼓励说幸福——阿依古丽幸福观

周围人的喜欢……世界上没有完全一样的两个孩子，父母的任务是帮助孩子们找到他们擅长的事，确立自信，而不是紧抓他们的短处，打击他们的自信。

因此，一个勇敢、自信的孩子，往往离不开父母对其身上闪光点的发现与培养，也离不开父母充满爱的鼓励。

引导孩子劳动，树立孩子责任心

父母要学会放手，让孩子认识到自己是家庭的一分子

一提到家务劳动，很多人会理所当然地认为是成年人的责任，而忽视了家里的重要成员——孩子也应该参与其中。其实，孩子也需要劳动。这种劳动并不是说让他们做超出体力和能力范围的劳动，而是做些力所能及的劳动。好动是孩子的天性，所以父母不妨为他们搭建一些可以劳动的平台。劳动不但可以开动孩子的脑筋，锻炼身体协调能力，而且利于形成良好的品质，提高孩子的生存能力，最重要的是，劳动可以创造快乐。

在现实中的诸多家庭中，父母及长辈总怕孩子累着而剥夺了孩子劳动的"权利"，使得孩子不仅没有养成劳动习惯，反倒养成了懒惰

的恶习。不少孩子在家都是衣来伸手饭来张口，是十足的四体不勤五谷不分。这些孩子在学校往往表现还算积极，但一回家就开始指挥父母及其他长辈，吃饭要喂、穿衣要帮。这样，原本在学校学到的"自己的事情自己做"也没能贯彻执行。

对此，父母及长辈必须反思，不能一味地娇惯，否则长期下去，孩子就无法懂得分担家庭责任。

从现在起，当发现孩子衣服穿反、扣子对不齐、领子在衣服里的时候，我们不妨放手，引导孩子自己调整。

当父母老了，孩子渐渐长大，家庭的重任自然要落到孩子肩上，所以家长何不早点灌输给孩子这种思想，让孩子做一些基本的劳动，以免将来孩子因无法适应这样的生活而产生焦虑和压力。

让孩子体会到"劳动最光荣"

人类祖先通过劳动创造了世界，更铸就了我们如今的美好生活。可见，劳动对于我们的发展是多么重要。同样，对于一个家庭而言，劳动也是维系家庭关系、创造舒适生活的重要途径。

每个人一旦步入社会，都要靠自己的劳动养活自己、创造生活、服务社会。然而，一个人要立身于社会，必须具备一定的劳动意识与能力。父母要让孩子懂得，只有通过自己的双手才能得到自己想要的东西；而靠自己劳动有所收获，将是一件十分光荣的事情。

智慧父母，引领孩子未来

与其他教育一样，"劳动最光荣"的思想也要从小就树立。父母要有正确的劳动观，这样才能引导孩子不鄙视和厌弃劳动，从而正视劳动、尊重劳动、热爱劳动，将劳动看成创造现实与未来的力量源泉，是生命运动的艺术。

要让孩子爱上劳动，可以从做家务开始。其实，对于孩子来说，帮助父母做家务既必须，又有很多好处。父母要引导孩子做家务，要循序渐进地让孩子越做越多，越做越复杂。例如，可以让三岁的孩子整理自己的玩具，或者为妈妈递纸巾；让四五岁的孩子为家人分发碗筷，清洗自己的餐具；让六岁的孩子洗自己的手帕、内衣；孩子满十岁之后，可以让他们每天完成一定量的家务活，或者专门负责某项家务；18岁时，孩子就可以胜任同成年人一样的家务，应要求其与家人分担家务或做更多的家务。父母在监督孩子做家务的过程中，要适时给予鼓励，保护孩子的劳动积极性。

孩子做家务的过程中，有助于形成坚毅的性格，从而自然地将这种态度用在学习中。

父母要大胆放手，让孩子体会到劳动带来的快乐。要知道，孩子学习成绩的好坏不会受到做家务的影响；反过来，做家务可能会为孩子养成良好的学习习惯打下基础。另外，对于孩子的发展而言，成绩只是一方面，重要的是培养好的品质、好的习惯。为了孩子的全面发展，父母要重视劳动的优势，让孩子接受更多的磨炼、挫折，树立健康的劳动观念，养成良好的劳动习惯，从而成为真正合格的接班人。

以身作则，修炼孩子强大的内心

父母为什么要成为孩子的榜样

人类具有模仿的天性，孩子通过模仿进行学习。那么，孩子学习和模仿的对象会是谁呢？当然是父母。因为孩子来到这个世界上，首先看到的就是父母。所以，父母成为孩子的榜样是十分重要且必要的。

父母作为孩子人生中的第一任老师，必须注意榜样的力量，尽量做到以身作则。如果父母在孩子面前暴露出各种各样的问题，怎能在孩子心中保持一定的威信呢？又如何成为孩子今后学习的榜样呢？父母没有上进心、责任心，缺乏知识涵养，品行恶劣，行为卑鄙，自私自利，每天只会吃喝玩乐，怎么能培养出优秀的孩子呢？父母的言行

智慧父母，引领孩子未来

直接影响着孩子的言行，所以父母必须树立自己正确的世界观、人生观及价值观，不断提升自己，修正自己的不足，使自己成为孩子心中"最完美的英雄"。

父母如同孩子的一面镜子。和谐、温暖、热情、平等的家庭氛围，必然会养育出善良、乐观的孩子。争吵不断的家庭，会对孩子产生很不好的影响。一些父母在吵架时从来不避讳孩子，而且满嘴污言秽语，甚至用暴力解决问题；在这种环境下生长的孩子会学着父母那样与人争吵，经常打架斗殴。要教育出好孩子，必须有好的家风。例如，父母带领孩子一起看新闻联播、读报纸、讨论时事，并对孩子进行爱国、爱党、爱人民的教育，教会孩子明辨是非，提高道德认识，树立正确的三观。

如何以身立教，锻炼孩子内心

每个家长都希望自己的孩子将来可以是成功人士，但总有一些家长并不清楚，成功人士必须有这样一个特质，即"输得起"，而如今的教育似乎灌输给孩子的是"不能输"的理念。实际上，比输赢更重要的是培养孩子强大的内心。

父母的一言一行，都影响着孩子，所以父母在家庭生活中一定要注意自己的言行，不可成为孩子的反面教材。

在这个竞争激烈的时代，父母用什么样的教育理念与教育思维培

鼓励说幸福——阿依古丽幸福观

养孩子，决定着孩子将来会成为怎样的人，更决定着孩子未来的命运。

肖肖是姥姥带大的孩子，在家除了姥姥姥爷宠着，爸爸妈妈也总是尽可能满足肖肖的一切要求，肖肖简直算是家中的"老大"。这就导致肖肖不管在家里还是在外面都比较自我。一天，肖肖被姥姥带到小公园里玩滑梯，刚好旁边也没有其他小朋友，于是他尝试各种花式滑法，尽情地"放飞自我"。不一会儿，比他小的图图来了，图图见到滑梯也开心地奔向了滑梯。刚一抬脚，肖肖立马冲到图图前面，张开双手，挡住了图图的路，说："我先来的，你不能玩。"图图见状，一脸淡定地说："大家都可以玩。"肖肖并没有被图图的话说动，依然站在那儿不允许图图玩。此时，肖肖姥姥并没有及时制止肖肖的行为，心里反倒为外孙的胆量而有些自豪。此时，图图有些胆怯地看向妈妈，他妈妈没有说一句话，只是用很坚定的眼神示意图图做得没错。于是，图图想到之前妈妈的话，就鼓足勇气大声说："这是公共场所，公园中的所有设施都是物业为业主小朋友们提供的，我们都可以玩它。"然后示意肖肖给自己让路，此时，肖肖似乎也被震住了，立即让了路。肖肖姥姥也有些不好意思，带着肖肖转身去了其他地方玩。而图图得到了妈妈一个大大的拥抱。

通过这件事，肖肖姥姥开始反省自己，并告诉家人以后不管在家里还是在公共场所都应该讲规矩，要及时纠正孩子的不良行为，以免孩子以后在社会上难以立足。

除此之外，父母要注意对孩子进行关爱他人、友善待人等品质上的教育。例如，父母每天工作都非常辛劳，孩子可以为父母倒一杯热

水、递一双拖鞋或帮助做一些力所能及的家务;孩子自己的事情要引导他们自己做;当小朋友或其他人遇到困难时,可以引导孩子去关心和帮助他们等。这样,孩子在不断关心和帮助他人的过程中,也能形成强大的内心,让自己成为一个有"力量"的、内心强大的人。

当然,在进行这方面的教育时,也要让孩子体会到因为自己的善行而带来的尊重和表扬。

作为新时代的父母,要做到以身作则、以身立教,应该至少做到三点。

首先,树立现代的教育观。父母要用发展的眼光看待自己的孩子,要知道孩子是有独立人格的,必须给予尊重和信任。

其次,父母可以多阅读一些教育方面的书籍。

最后,肩负起家庭中的表率作用,要求孩子做到的事必须自己先做到,切不可对孩子撒谎。

爱运动的孩子更乐观

运动是快乐的源泉

相信大家在平时就能发现，那些每天坚持晨跑、打太极、跳广场舞的人们总是精神焕发，似乎他们身上由内而外地散发出快乐和热情。要减肥的朋友，不妨坚持几个月早起快走或跑步，不用半个月你就会发现，每天少睡一个小时并不会影响你的精气神，反而让你看起来更容光焕发。

运动是充满激情的，每逢奥运会，全世界的人们都进入了体育的狂欢，运动员之间的较量让观众们激情澎湃，大家紧绷着神经如同亲自参与着每一项比赛。

运动不管对大人还是孩子来说都是很重要的事情。孩子的快乐来自很多方面，其中运动是带给孩子快乐的一个重要源泉。因此，父母不妨设法引导孩子爱上运动，让运动感染孩子，使其成为一个充满激情的人。

运动还可以舒缓人们的压力或低落情绪，当你感到不开心时，何不暂时抛开不开心的事情，去户外跑三五公里，去健身房的器械上流一身汗，这样你会瞬间觉得心情好了不少，人也变得轻松很多。孩子也一样，他们也会有遇到挫折、心情不好的时候，出去运动一下，就会忘记烦恼，重新振作起来。因此，父母可以鼓励孩子多运动，把运动当成一种爱好或习惯，这样当孩子遇到困难时，会有一个发泄的出口，让身心得到更健康的发展。

运动之所以能使人感到快乐，不仅仅是一种心理层面上的感受，它其实源于一种心理反应。当人在运动的时候，大脑中会分泌一种叫"内啡肽"的物质。内啡肽还被称为"快乐激素""年轻激素"，因为它会让人重新振作、心情愉悦，并且能有效缓解焦虑、抑郁等消极情绪。

总之，爱运动的孩子一般都是比较乐观向上的，充满活力的，时刻准备着迎接学习和生活的挑战。不同的运动项目还会锻炼孩子不同的能力，培养孩子形成不同的性格。此外，运动还有利于培养孩子顽强、坚毅、灵活、团队协作、合理制订计划等能力和品质。

鼓励说幸福——阿依古丽幸福观

如何让孩子爱上运动

图图很不喜欢运动，也因为平时不太与其他小朋友出去活动而显得性格孤僻。爸爸带他到公园踢球，刚踢几脚就说"好累"，随即一屁股坐在草地上。图图每天最喜欢的事情就是窝在沙发上一边看动画片一边吃零食，这也让他的身体越来越胖，小小年纪就有点血糖高。对于图图不爱运动这件事，全家人都特别犯愁，怕这样下去图图可能会变得更加内向，影响以后的社交，更担心他的身体出现问题。图图的父母每天都在想，怎么才能让图图慢慢从家里"走出去"并且爱上运动呢？对此，我们根据很多过来人的经验总结了几个有效办法。

首先，要想让孩子爱上户外运动，那么必须先限制孩子对室内电子产品的使用时间。如今，随着信息技术的快速发展，各种电子产品走向市场，不管大人还是孩子都能通过电子产品搜索自己感兴趣的内容。但是，长时间观看手机、iPad不但会影响孩子的视力，还会影响孩子的性格及身体的正常发展。据统计，当前儿童每天花在电视、电脑、手机等电子设备上的时间竟高达7个小时。为了孩子的全面、健康发展，父母必须限制孩子玩电子产品的时间，最多不可超过2小时。这样，当孩子在家闲得无聊的时候就会"走出去"，在与其他小朋友的接触中慢慢喜欢上运动。

智慧父母，引领孩子未来

其次，父母可以帮助孩子找到他/她喜欢的运动方式。很多时候，孩子可能不是不喜欢到室外玩，而是不喜欢现有的几个"无聊"的运动。因此，父母不如多带孩子尝试，让他们接触到不同运动并感受每种运动带来的心情，直到孩子喜欢上一种或多种运动。一旦爱上某种运动，孩子就会投入进去，不断提高自己的运动难度，从而有更大的突破。孩子在专注于某项运动时，也会慢慢变得自信。

再次，父母不要限制孩子运动的地点和方式。运动可以在很多场合进行，还可以以各种方式展开，父母可以在平时的生活细节中去培养孩子运动的习惯。例如，父母可以带着孩子在客厅里转呼啦圈、打乒乓球、做仰卧起坐，可以带孩子到小区的运动器械上做做拉伸、扭扭腰，可以在空旷的户外与孩子玩猫捉老鼠、丢手绢等游戏，还可以带着孩子去游泳馆游泳、滑冰场滑冰，甚至参与更具挑战性的运动。总之，只要孩子爱动，就可以将运动融入活动或游戏中，从而在潜移默化中培养孩子爱运动的好习惯。

接着，父母要学会放手，让孩子自己去奔跑。父母不要总担心孩子摔了、碰了，要学会放手，让孩子自己去跑、去跳。孩子只有经历过摔倒，才懂得在失败中总结教训，学到经验。一味地限制孩子不能这样，不能那样，孩子容易变得畏手畏脚，体验不到运动的乐趣，一旦摔倒甚至会恐惧运动，不再想运动。例如，当孩子学习骑自行车时，最初父母可以在后面帮助孩子扶几次，讲解骑车的要领，然后就要逐渐放手，鼓励孩子自己骑。如果其间有摔倒，在观察孩子没有受伤的情况下，不必急于去扶起，而要耐心地引导其自己起来并继续练习。

最后,有条件的父母也可以带孩子去观看职业比赛。在看比赛的过程中,孩子会直观地看到赛场上运动员的精彩表现,这样会很容易激发孩子对运动的兴趣,让他们有想学某项运动的想法。同时,运动员在比赛中表现出的奋勇拼搏、不服输的运动精神也会感染孩子,让他们也能勇敢地面对自己今后学习和生活中的困难。此外,还可以拉近父母与孩子之间的距离,让孩子乐于与父母分享自己的喜怒哀乐。

塑造孩子良好的体态，提升孩子的气质

人体的"减震器"——脊柱

对于一个人来说，其在婴儿时期的脊柱原本是直的，三个月可以抬头时脊柱有了第一个弯曲，六个月能坐时脊柱有了第二个弯曲，一周岁左右可以走路时脊柱就有了第三个弯曲。有了这三个弯曲，人体也就形成了基本的弹性结构。

因此，一个人的体型和动作习惯，必须从会走路开始就要有意识地养成。人体端正的姿势源自人体脊柱的正常发育。脊柱对于人体来说，犹如一个"减震器"，它能减缓或消除人在走、跑、跳时下肢对身体产生的打击或震动，以免产生颅脑损伤或脊柱变形。可见，脊柱对于一个人有多么重要。一旦脊柱受损严重，可能会改变一个人甚至

鼓励说幸福——阿依古丽幸福观

一个家庭的命运。现在我们应该可以理解，为什么很多因交通事故而瘫痪在床的病人表面上并没有什么肢体或皮外的损伤，却一直无法站立行走。

所以，父母要从孩子很小的时候开始引导其保护自己的脊柱，让身体的"减震器"陪伴他们的一生。

体态对一个人来说有多么重要

在现实生活中，很多孩子因为不注重规范自己的体态而弯腰驼背、低头缩颈，还有一些孩子走路时身体左右摇晃、两肩一高一低，更有不少孩子会躺着看书、看电视。

许多人在放松的状态下，上半身会不自主地弯曲或者歪斜，长期下去就养成了不好的状态，严重危害身体健康。年幼的孩子往往不知道怎样的体态是正确的，只清楚自己怎么坐是舒服的，如果父母对此视而不见，那么可能会断送孩子的健康。

孩子的体态一方面会影响其身体健康，另一方面还决定着其气质。爱美之心人皆有之，如果面前同时有两个女孩：一个弯腰驼背，看起来萎靡不振，另一个则身体挺拔，举止优雅，精神饱满。二者相比，相信大多数人都更容易对后者产生好感。老人常说："人生一世，活的就是一种精气神。"饱满的精神状态能让我们更好地投入工作和生活，创造更加辉煌的成就。毕竟，命运掌握在自己手里，很多事情是需要自己争取的。只有你足够自信、满怀激情地面对这个世界，你才能获得你想要的东西。

每个父母都希望自己的子女有所作为，却忽视了体态对于气质的影响，更没有意识到气质对一个人命运的影响。

如何塑造孩子良好的体态

俗话说"站有站相，坐有坐相。"体态不仅影响一个人的健康，还影响着其在周围人心中的印象，所以父母应该在孩子很小的时候就要有意识地训练孩子的行为举止。

实际上，体态一般涉及坐姿、站姿和走姿，所以父母可以从这三个方面塑造孩子良好的体态。

其一，坐姿。在日常学习和工作中，使用最多的就是坐姿。坐姿往往能透露出各种信息，还有着美与丑、优雅与粗俗之分。良好的坐姿，会给人留下端庄大方的印象；错误的坐姿，则会显得很懒散无礼。因此，父母要注意孩子的坐姿。注意：坐下的时候不要把整个椅面都坐满，也不应只坐边沿，具体可以让孩子根据自己的腿长和椅子的高矮决定，一般是坐满椅面的三分之二。不要一坐下就将身体全靠在椅背上，会显得人很懒散，也不礼貌。坐在沙发上的时候可以将双脚侧放或稍加叠放在地面。双脚不要始终向前伸直，保持身体的挺直，否则身体容易下滑，看起来像躺在沙发里一样。坐着的

鼓励说幸福——阿依古丽幸福观

时候应该做到"坐如钟",就是坐姿应该像钟一样端正。此外,男性坐着的时候不要将两腿分得太开;女性坐着时不要掀起裙子,露出大腿。

其二,站姿。只要身体健全,相信没有谁不会站立。可是,对于怎么站才看起来更美,才能衬托出自己的气质,这就需要认真学习了。在生活中,总有一些人能将1.5米的身高站成1.6米的气势,同样也有一些人将1.7米的身高站成了1.6米的颓废。站姿也要从孩子很小的时候就一点点地修正。小孩子好动,这是无法回避的问题,但也不能完全无束缚地想怎么站就怎么站。正确的站姿要领是:身体直立,重心落于双脚之间;挺胸、收腹、立腰,臀部肌肉紧收;双腿分立、挺直,与肩同宽,膝盖相碰,脚跟并拢,脚尖分开呈45度或60度角;头摆正,双眼平视前方,下巴内收,面带微笑,动作舒缓自然;颈挺直,嘴微闭,两肩膀舒展,保持水平且稍微下沉;双臂自然下垂,手指放松呈弯曲状,落于身体两侧。不管在家里还是在外面,父母都要提醒孩子,千万不要头部上扬或下垂,收胸含腰,背曲膝松,肩膀一高一低,臀部后突,手插在裤兜,一条腿不停抖动,身体靠在柱子、柜台或墙上,这些动作都是非常不雅的。

对于经常含胸驼背的孩子,这里为大家提供几个训练小妙招。训练孩子的脊柱:将泡沫轴竖放在孩子的脊柱上,将两腿弯曲,保持正常的呼吸,每天坚持,一次只需平躺一分钟。第二种是训练孩子胸椎的灵活性:让孩子先跪坐在地上,臀部坐在自己的两只脚踝上,用一只手的肘部撑地,另一只手放在头后,转动胸椎时眼睛看向天花板,

身体两侧各转动 12 次。第三种是训练孩子的背部肌肉群：先让孩子保持肩膀上部肌肉的放松，然后努力向后夹紧背部。或者让孩子先放松肩膀上部，然后收紧肩胛骨，保持这个姿势 20 分钟。父母在平时要认真观察孩子是否存在不良体态，做到早发现，早矫正，以免错过最好的时机，后悔终生。父母可以多挖掘一些改正孩子不良体态的小妙招，让你的孩子阳光、快乐地站在大家面前。

其三，走姿。一个人的精神面貌从其走路的姿态就基本能看出。通过观察一个人走路时的姿态，就能了解他当前是开心还是难过，是得意还是失意，以及是否受人欢迎等。最好的走路姿态应该是轻盈、敏捷、自如、矫健的。父母在训练孩子走姿时，需要抓住几个要领：走路时，双眼平视前方，头摆正，脖子挺直，挺胸收腹，双臂下垂，前后自然摆动，身体平稳，两肩不可左右晃动或者不动，不可只动一个手臂。走的过程中，脚尖应朝向前方，脚不要抬得太高，更不要压得很低。脚步要富有节奏，重力保持一致。男性要走出阳刚之气，女性要走出阴柔之美。父母要提醒孩子：走路时脚尖既不要向内扣，也不要向外撇；几个人一块走时，不要并排走或者勾肩搭背；尽量不要在室内奔跑，如果有急事应该快步走。

鼓励说幸福——阿依古丽幸福观

鼓励语录

🌸 要想让孩子在未来尊重你，首先你要做到尊重孩子。

🌸 朋友之间更容易彼此透露心声，所以父母不妨先成为孩子的朋友，再成为孩子的父母。

🌸 勇于担当源于信心十足。

🌸 自信的孩子背后一定有善观察、会鼓励的父母。

🌸 父母要做好孩子的第一任老师。

🌸 孩子的强大内心离不开父母的言传身教。

🌸 抓住孩子好动的时期，培养爱运动的好习惯；让爱运动的好习惯，铸就乐观向上的生活态度。

🌸 真正美丽的人会从骨子中散发出一种气质。

🌸 良好的气质离不开良好的体态。

铿锵玫瑰，在阳光下璀璨绽放

若有才情藏于心，岁月从不败美人！做一个有才情的女子，不恋过往，不负当下，不畏将来。

鼓励说幸福：阿依古丽幸福观

唯有才情，不被岁月打败

这世上再美的绝世姿容，总会随着时光的流逝而渐渐褪色。不会被时光摧毁，反而会随着时光雕刻越来越华美动人的唯有才情。真正的美人，都是腹有诗书气自华，面对岁月的无情、容颜的衰老不会慌张，从容不迫，坦然自若地面对人生中的各种境遇，珍爱自己，静享生命中每一份美好。做一个有才情的女子，不恋过往挥之去，不负当下春常在，不畏将来任道远。

鼓励说幸福：阿依古丽幸福观

才情，女人永远的时尚新衣

优雅的谈吐和腹有诗书气自华的气质，是一个女人真正的名片。才情是女人真正的门面，美丽的皮囊千篇一律，有趣的灵魂万里挑一。一个女人如果没有才情作为支撑，美丽也不过徒有其表，只是一只花瓶而已。

才情，是一个女人最美的名片

女为悦己者容，世上无不爱美的女人，这是视觉动物的天性。但是，美丽的容颜是最易流逝的东西，唯有灵魂深处的馥郁永不褪色。

我们都说女人要有才情，那么什么样的女人称得上有才情呢？才情即知识，才情即格调，才情即气质，才情即谈吐。一个美丽的女人

鼓励说幸福——阿依古丽幸福观

要想拥有烈焰红唇，美艳逼人，只需一支口红和几盒脂粉，甚至只需打开滤镜即可。但一个女人要想人淡如菊，口吐莲花，则必须有着优雅的举止和不俗的谈吐，还有一颗七窍玲珑心，这一切，即是一个女子的才情所在。

真正有才情的女子，不会害怕年华的老去，也不担心岁月对如花面容的侵蚀。因为她知道，再昂贵的化妆品，再不易得的保养品，都无法挽留容颜的消逝。唯有内在的才情历久弥新，机敏的头脑和对知识永无止境的追求，会赋予一个女人丰盈的内心和一身的书卷气，这才是内外兼修的女人，行动坐卧，自有芬芳，成为世人瞩目的焦点。

"才情，是穿不破的衣裳"。这句话点明了才情对于一个女子的重要性。真正有才情的女子，必然都是内敛谦和的，她们甘于平凡，从不如同一只开屏的孔雀那般，四处炫耀自己。她们在这个纷繁的世间，守住了自己的初心，不以物喜不以己悲，生活平淡也好热烈也罢，她们都付以淡然的一笑。

时光并不特别偏爱有才情的女子，甚至会恶作剧般地给予她们更多坎坷和一地鸡毛。只是面对生活中层出不穷的各类困难、压力和危机，她们选择了从容不迫，将所有的苦累揉进心底，留给世人温煦的笑容。

在经历了人生种种之后，对生活有了更多的认知，她们会将这一切当成生活的馈赠，把自己雕刻成时光的杰作，并将这些时光带来的生活经验沉淀下来，无私帮助和开导他人，这样通透的女子，即使没有倾国倾城的容颜，又有谁敢说她不美呢？

有才情的女子，都是生活的达人

有才情的女子，未必有着顶级学府的学历，但一定都是有着一颗慧心，对生活有着独特观感的女子。她们不会刻意装扮自己，但一定会让自己的衣着素雅、有品位。有才情的女子，都有着很高的衣品。穿不必爱马仕、古琦，但一定有着自己独特的匠心，一只素雅的发卡，一枚别致的胸针，都能瞬间点亮她们的装束。

闲来铺开宣纸，画几笔画，写几行书法，听一段轻柔的轻音乐。或是捧着一杯清茶，在窗边读几页书。每一个慵懒的清晨，她会洗净所有的餐具，然后精心为自己烹制一份可口的早餐。或是自己烘焙，做几道甜品，招待自己的闺蜜们，来一顿开心的下午茶。或是偶尔玩心大起，给寿司画上眼睛，做成小猪佩奇的样子，送给家里的小朋友。

有才情的女子大多喜静不喜动，但动静之分，在于内心。在KTV和酒吧，很难见到有才情的女子的身影。而当牡丹开了，桃花红了，却能够看到她们呼朋引伴，徜徉山水的情景。在远山之间跋涉，既能强身健体，又能开阔胸襟。累了，打开随身携带的茶篮，点起红泥小火炉，便有了氤氲的茶香。

有才情的女子大多也是婚姻的高手。她们在婚姻之中，攻守有度。既能享受新婚的浪漫热烈，又能品味婚姻的平淡流年。她们用似

鼓励说幸福——阿依古丽幸福观

水柔情让婚姻变得甘之如饴，用智慧和耐心让爱情之花永葆长青。她们不允许自己成为围着老公和孩子打转的黄脸婆，而是上得厅堂下得厨房，工作生活一把抓的斗士。

在生活上，她们不计较，但绝不糊涂；她们很大气，但绝不粗俗；她们知世故，但不圆滑。真正的才情女人，既能征服男人，也能征服女人。

腹有诗书气自华

羡君笔下有烟霞,腹有诗书气自华。这是对一个女性最好的赞誉,读书的女子,是人间的极品。书籍赋予她们灵魂独特的香气,也把她的性灵从凡俗中超拔出来,成为独特的存在。

闻书香,识女人

一个一身书香的女人,展示的是灵魂的波光潋滟。这个世上面目再普通的女子,只要染了些许书香,也会瞬间变得馥郁斑斓。

如果去一个女性朋友家做客,我最欣赏的不是她的衣帽间,而是她的书房。坐拥书城,能够在App遍地的时代里放下手机,捧起一本书的女人,绝非等闲之辈。

而书籍也是慷慨的，读史令人明智，读诗令人灵秀，读什么样的书，就会沾染上什么样的书香。我总是对在人群中捧着一本书读得津津有味的女子心生敬意，再普通的容颜，在低眉读书的一刹那，也瞬间鲜活起来。周身的书卷气，看得人说不出的舒服，所谓"腹有诗书气自华"，大概也就是这个样子了。

有的女人读书是为了获取知识，书籍提升了她们的思想境界，这样的女人，自己就是一本书，博大厚重，耐人寻味。有的女人读书是为了陶冶身心，她们读的书是唐诗宋词、拜伦、雪莱，这样的女人，生活会极其恬淡优雅，自己也活成了一首诗的模样，有着清新的韵脚。

读书的女人，书籍即是她们的立身之本。一个人读不读书，读什么书，其实很容易分辨。读书的女人在为人处世方面会格外圆融，书籍让她们通透，而不会变成书呆子。她们讲话会格外有技巧，每一句话都说得人那么爱听，那么有理有据。你很少会看到她人云亦云，更不用说信口雌黄了。

读书的女人，总是不经意地引经据典，听到的人往往如沐春风。她们是生活的艺术家，总是能从自己或书中的经验里，提取出有益的养分；善于从无序的世界里理出头绪，解决别人解决不了的问题。这样的女子，总能很轻易地成为一个团队的智囊。

是书籍，成就了女人最优雅的气质

有人说，真正有魅力的女人总是立体的。生活锻造了她独一无二的灵魂，而书籍，则成就了她最优雅的气质。人前越是光彩照人，人后的历练就越是汗水淋漓。人都难免被人生淬炼，真正强大的女人，优雅的背后，总是隐藏着不为人知的艰辛。而读书，则帮助女人抵御了生活的磨难，让她们将每一道伤口都开出花来。

世上没有白走的路，也没有白看的书。看过的每一页书都融进了读书的女人特有的精神气质。她对生命的理解，对苦难的抗争，对人生价值的实现，每一步心路历程，都能从她读的书中找到答案。

书籍赋予她独特的气质，是她的生活方式和生命养分。美丽的容颜如同鲜花，容易枯萎，只有读书才能永葆内心的光彩。读书的女人大多聪慧成熟，容颜不是顶尖，气质却绝对出尘。

优雅绽放，遇见更好的自己

女人如花，在尘世中悠然绽放，舒展着自己无瑕的内心，用力地拥抱着鲜花暖阳，认真生活，努力变好，遇见更好的自己。

明媚绽放，你的美闪闪发光

女人如花，在最美的芳华里，展现各自不一样的光彩。这种光彩不仅仅来自外在，更来自内心的优雅和丰盈。哗众取宠的行为只会招致哂笑，涂脂抹粉的面庞也只是一时的新鲜。唯有不断的进取和攀登人生高峰的女子，才能不断得到命运的馈赠。

著名球星科比的一个励志故事曾经刷爆朋友圈，叫作"你见过凌晨四点的洛杉矶吗？"其实，何止是凌晨四点的洛杉矶呢？我们之所以无论何时何地，打开水龙头就能喝到甘甜的水，打开开关就有一室的光明，都是因为这世上有人二十四小时坚守在自己的岗位上。人的成长，是无时无刻的。人的奋斗，也是不舍昼夜的。

很欣赏一句话，当你开始专注的时候，整个世界都会如临大敌。当你真正开始努力的时候，你会发现，即便不靠那些美妆华服，不靠滤镜，你也会美得闪闪发光。因为你找到了人生最好的状态。你若盛开，清风自来。你是谁，决定了你会遇到谁。当你变得足够优秀的时候，你会大胆地向这个世界致意，散发出自己由内而外的芬芳，而世界，必然也会对此时自信雍容的你报之以歌！

每个人都欣赏那些明媚写在身上、笑容长在脸上、眼里写满坚毅、心灵充满温度的女子，觉得这样的女子真美。而一位真正有才情的女性，必然是这样的女子。她善于管理自己的情绪，不会用言语伤害他人。她善于共情，能够体会这世上他人的不易与痛苦。她如同阳光，绽放美丽，释放温暖，你可以放心接近她，不会担心被灼伤。

她的能力或许并不大，无法解救世人。但是，跟她相处的短暂瞬间，你会感受到她的善意和温暖，感受到一位优秀的女性所散发的魅力，并且在不知不觉间受到她的影响。

越努力越幸福，与最好的自己不期而遇

我们都想在茫茫人海求一灵魂知己，都想遇到最好的别人，却没

鼓励说幸福——阿依古丽幸福观

有想过，该如何才能遇到最好的自己。

要想做到这一点，要努力工作。工作不是为了升职加薪，不是为了养活自己，也不是早九晚五地在格子间混日子。工作，是努力刷新人生履历的方法。每一个今天都比昨天精进一点点，或者是能力，或者是心性，或者是才情。一点点地朝着心中理想的自己去迈进，一点点靠近那个最好的自己。

要想做到这一点，要让自己成为一个有温度的人。用心感受身边的爱与温暖，用慈悲化解仇恨，用感恩回馈善意，用放下清除烦恼，用理解消弭怨恨。人到了一定岁数，会发现世上并无可责怪之人。放下狭隘与自私，捡起慈悲与善良。了解了这一层，人生就会变得平和，就会离那个最好的自己更近。

人心，是最宝贵的风水。内心污浊不堪，看到的风景必然也是污浊的。内心若是通透，自然会遇到美好的人和事物。生活中没有无缘无故的相逢，一切都是最好的安排。不要怪没有贵人提携自己，不要怪没有阔亲戚帮助自己。你是什么人，就会遇到什么人。所有的贵人都是自己吸引的，你只有足够努力，才会有好运气。

努力地变好，才能遇到最好的自己。虽然过程不易，但千万别轻言放弃。这世上没有无缘无故的成功，但有着随随便便的放弃。有的时候，只要前进一厘米，就能触到成功。但很多目光短浅的人会在那一厘米前望而却步，与成功失之交臂。

有句话说得好，你只有足够努力，才能看起来毫不费力。你只有足够努力，才能有好运气，才会遇见真正美好的自己。

最好的美容产品是开心和快乐

　　这世上的美容产品林林总总，但少有人能只凭借它们永葆青春。对女人来说，这世上最好的美容产品只有两样：释怀的笑和无拘无束的开心。

你有多开心，就有多幸运

　　现代医美和化妆术，可以很容易地帮助一个女人获取美貌，却改变不了一个人的内心状态。一个不漂亮却笑口常开的女人，往往比一个愁眉苦脸的漂亮女人更容易感染别人，更让人赏心悦目。

　　开心的女人，未必每天都遇到开心的事，只是她们对待事情

鼓励说幸福——阿依古丽幸福观

有跟别人不同的角度。她们善于用幽默去安慰别人，用大度去开解自己。面对生活的一地鸡毛，她们也能一边笑一边去解开那一个个死结。

开心的女人有多美吗？倒也不见得。但是笑口常开，自然心情舒畅，一身轻松，毫无倦态和焦虑感，久而久之，比起同龄人，自然多出一份愉悦与神采。

开心的女人一定是聪明的女人。烦恼容易找，快乐很难寻。既然人生不如意事常八九，那么好好经营剩下的那一两分如意生活，人生岂不是快乐许多？

开心的女人也是自信的女人，她们满足于眼前的一切，却不故步自封，而是享受生活的馈赠，昂首挺胸地奔向未来。她们自信的言谈，总是令人在不知不觉地为之倾倒。这份自信，让人相信她是胸有成竹的，是胜券在握的，是值得信任的，因此她们也为自己赢到更多成功的机会。

对于一个女人来说，给身体做一个SPA容易，给心灵做一个SPA难。而对于开心的女人来说，那真是每天都享受着心灵的SPA。开朗的性格，积极的心态，豁达大度的为人，都是她们心灵SPA的一部分。面对生活的挫折，现实的困顿，她们总能用乐观化解；遇到世俗的纷争，也不会急赤白脸地跟人吵闹，而是用行动化解干戈，不慌不忙，气定神闲，活出通透的模样。

唯有才情，不被岁月打败

快乐是永葆青春的仙方

经常看到一些女性，每天发的朋友圈都充满戾气和怨气。不是抱怨公婆偏心，就是抱怨领导不公；不是抱怨老公无能，就是抱怨孩子淘气。似乎她的生命中除了这些负能量，就没有一点阳光。对于这样的女人，哪怕美若天仙，也只能让人敬而远之。

但还有一些女人，未必很有钱，也未必有高职位，却总是开开心心，天天笑口常开。就拿做家务来说，她们会在洗衣服的时候压压腿，在拖地的时候听听歌，然后把家里打扫得干干净净，衣服叠得整整齐齐，厨房里飘出饭菜的香味，把家里的日子过得红红火火，连空气里都弥漫着幸福和甜蜜的味道。

这就是快乐的秘籍，既能抵挡生活的苦难，也能扩大人生的境界。一个快乐的女人，必然是调剂生活的大师。闲来插插花，听听音乐，看看书。或者找几位志同道合的闺蜜喝喝下午茶，一起逛逛街，给自己添置几套应季的衣服，买一朵优雅的头花。

真正快乐的女人，不是不食人间烟火的仙女，而是善于把烟火人生过出诗意的女子。没事的时候，洗手做羹汤，研究一下菜谱，做几道适口的小菜，犒劳家人和自己。孩子的衣服破了，拿来在破口的地方绣上几朵小花，整件衣服的面貌就焕然一新。悠闲的假期，带着家

鼓励说幸福——阿依古丽幸福观

人一起出去旅行，体会别样的人生。或者去周围的健身馆挥汗如雨，去山里远足，呼吸林间的新鲜空气。

快乐无价，但快乐又很简单。一个人心无挂碍，开心快乐每一天，就是好福气，就会容光焕发，散发由内而外的生命光泽。

韶华易逝，美好的事物最值得

人生苦短，要多关注美好的事物，多做有意义的事情，为人生留下难忘的回忆。在这个光怪陆离的现代社会，我们每天所面临的诱惑实在是太多。而人的一生太短，所以更要"拎得清"。知道这个世上什么值得去追求，什么是过眼云烟。

做一个"拎得清"的女人

"拎得清"是上海话，指的是心里有数，弄得清形势，人际交往有界限，懂得规避风险和麻烦，知道自己想要什么，知道该做什么不该做什么。

这个世界，诱惑很多，但是人的能力是有限的，在自己的能力范

鼓励说幸福——阿依古丽幸福观

围内选择的余地并不大。所以，女人要学会审时度势，放弃不切实际的幻想，抓住眼前能够抓住的、喜欢的东西。

一个"拎得清"的女人，懂得什么东西真正适合自己，什么东西值得自己去花时间和精力。拎得清的女人，很容易获得婚姻幸福。她们懂得过日子要细水长流的道理，家常菜一样养人，衣服干净即可，妆容妥帖最重要。

一个"拎得清"的女人，有的是把生活抓在自己手中的底气。她们知道自己想要的人是什么样，也会在爱情中主动出击，并且在相守中把握分寸。没有无谓的试探，只有信任和坦然。

做一个"拎得清"的女人，就会自动过滤生活中所有的算计与不堪。只需大胆往前走，拥抱新生活，无须顾及他人的言语。只有把世上的喧嚣关在门外，才能有真正富足与平和的内心。

把生命"浪费"在美好的事物上

"生命，就该浪费在美好的事物上"，这是句广告语，第一次看到的时候，仿佛醍醐灌顶。原来那些美好的事物是值得你把生命"浪费"在上面的。

我想起我的朋友小唯，她和她老公都是茶艺爱好者。由于喜欢茶，他们利用工作间隙，去了云南、浙江、安徽，以及全中国一切产茶的地方。他们醉心于赏鉴茶叶，学习茶道。因为爱茶所以又去学了

唯有才情，不被岁月打败

陶瓷、紫砂，学了五大名窑等茶器，因为爱好茶器，所以又学了园林建筑，学了庭院构造艺术。就这样，一发不可收。

我想，这大概就是"生命，就该浪费在美好的事物上"这句话真正的含义。唯有热爱，能抵岁月漫长。只要你确定那件事是美好的，生命的浪费也就随即变得美好和优雅起来。

容颜易老，智慧永存

岁月从不败美人，尤其对那些有才情的资深美人来说，韶光赋予了她们更深层次的魅力，一种叫智慧的美丽。

岁月从不败美人

没有人不害怕年华老去，但真正的美人，她们的魅力不会被流光轻易打垮。一个真正的美人必定是一个有智慧的女人，既懂得雷厉风行，又懂得上善若水。

真正的美人是敢于表达自己的女人，她不会迎合世俗，有独特的人生感悟。同时懂得在不同的场所，去饰演不同的角色。既能在职场拼杀，又能回家相夫教子。

唯有才情，不被岁月打败

真正的美人有"三立"——经济独立，人格独立，思想独立；真正的美人有"三养"——懂得保养，懂得营养学，懂得提升自我修养；真正的美人还拥有"三力"——自信的潜力，过人的能力，高超的魅力。

真正的美人知道美人在骨不在皮，所以跟外在的容颜相比，更懂得用智慧来提升自己。同时，她也知道三代才能培养一位真正的贵族，所以会在孩子的教育上倾尽心力。

真正的美人是懂得运筹帷幄的"战略家"，她知道欣赏每一个人的长处，懂得选择最适合自己发展的平台，组建最有利于共事的团队，实现人生的最大化。同时懂得保持感恩和谦逊的心态，把劳苦留给自己，把荣誉让给他人。

真正的美人懂得管理自己的情绪、时间和金钱，无论任何时候都心中有数，无论遇到任何事都处变不惊。真正的美人懂得这世上最值得投资的是健康，有了健康的身体，才会有世间的一切。

真正的美人，都有如同孩童般纯真的内心。这份纯真让她们守住了自己，随着时间的流逝，变得更加勇敢和坚强，敢于承担自己的使命，去完善人生的短板，成熟而不世故，豁达而不乖张，处事圆融，思想通透，灵魂锐利而洁净。

做一个有智慧的女人

有智慧的女人处事优雅，聪慧圆融；有智慧的女人温柔敦厚，衣

 鼓励说幸福——阿依古丽幸福观

着得体，令人赏心悦目；有智慧的女人是职场的高手，善于处理各种棘手的难题；有智慧的女人低调朴素，她们既善于托举别人，又不看轻自己；有智慧的女人有着正确的三观，一身正能量，乐观向上，积极进取。

一位有智慧的女人，往往有如下特质。

智慧的女人都有着独特的个性。同质化的美丽看久了不免乏味，唯有有趣的灵魂、丰盈的内在更能吸引他人的注意。一个或幽默风趣，或知书达理，或博闻强记的智慧女人，才是令人过目难忘的存在。

智慧的女人有着高雅的情趣。她们会在生活中弹钢琴，唱昆曲，读书，看话剧，逛博物馆，或者大胆跟人交流。这样的女人在生活中，能把每一天变得活色生香。

智慧的女人有着高贵的品德。尊敬长者，爱护后辈，待人谦和，为人低调。遇事肯想着别人，不怕吃亏，也不愿意斤斤计较。这些传统美德，在智慧女人的身上都能找到踪影。

智慧的女人喜欢读书，也喜欢写作。她们被书香浸染，也拥有出口成章的才能。举止落落大方，谈吐高雅不凡。这种女性，是女性中的翘楚。跟她们接触，仿佛能够闻到她们灵魂所散发的芬芳。

寂寞之后，才是花开

每个人在成功之前，都有过一段无人问津的时光。这段时光，恰恰是最能沉淀自己的时光。捱过最深的夜，才能见到黎明。

成功之前，要先耐得住寂寞

"路漫漫其修远兮，吾将上下而求索"。成功的人，都是善于坐冷板凳的人。这世上没有随随便便的成功，很多时候，在成功之前，必须要耐得住寂寞，懂得把铁砚磨穿。要锲而不舍，为了成功暗暗积累，等待一飞冲天的那一刻。

很多人之所以没有成功，并不是实力不够，而是耐不住寂寞，所以也离成功越来越远。寂寞是一种心境，一种智慧。寂寞是难捱的，

 鼓励说幸福——阿依古丽幸福观

但唯有耐得住这段孤寂的日子，埋首做事，才能在迂回曲折的人生中发现真正的快乐。

还有一些人，在悲惨的命运和艰难的处境中尚且能做到百折不挠，在温柔乡中却丢盔弃甲。这就是奋斗者如过江之鲫，但是成功者寥寥无几的原因。很多人选择了半途而废，或者是在成功的最后十公分那里一败涂地。不是受不了辛苦，而是经不起花花世界的诱惑。

作家刘墉说过，年轻人要过一段"潜水艇"似的生活，先短暂隐形，找寻目标，耐住寂寞，积蓄能量，日后方能毫无所惧，成功地"浮出水面"。

耐得住寂寞的人，未必都能成功。但是成功的人，肯定都是耐得住寂寞的人。只有内心足够坚定的人，才能不为外界的花花世界所迷惑，不至于贪图安逸不思进取，在朝秦暮楚中草草度过一生。

一个有才情的女人，必定是一个内心有力，志存高远的人。环境越是浮躁，越能静下心来，仔细地走好每一步，善于守住自己的寂寞。这样，就会离成功更近。并且在成功之后，守得住自己来之不易的胜利果实。

人生是一个不断修行的过程，有才情的女人，总能够在人生千万条路中找到自己的方向。然后耐住寂寞，在一方平凡的斗室之中，戒骄戒躁，经受住生活一次次的捶打，永不言败，永不放弃。把生命的一切，都变成华彩的乐章。

人只有在寂寞之中，才有机会真正地审视自己，冷静地审时度

势，对自己做出正确的评断。才能积蓄起所有的力量，为了胜利发起冲锋，才能得到更多成功的机会。

耐得住似水的平淡，也经得起轰轰烈烈

说起林徽因，很多人都会艳羡于她身上的诸多光环：她曾任清华大学教授，是我国第一位女性建筑学家、著名作家、中国现代文化史上的杰出女性……诚然，这位出身名门，自小聪慧过人，精通诗词，美貌与才华并存的女子，其一生可谓是轰轰烈烈的。

然而，就是这样一位耀眼夺目的大家闺秀，在生命的晚年也经历了生活的平淡。林徽因的晚年过得艰辛而充实，为了要实地考察全国各地的古建筑，她随丈夫一起过着颠沛流离、物质匮乏的生活。告别了往日的繁华与瞩目，林徽因在平淡的日子中依然优雅、从容。她在低矮破旧的农舍中阅读《二十四史》，从中搜集编写《中国建筑史》所需的材料，为中国建筑学的发展做出了巨大的贡献。如林徽因，有才情的女性，都是既能经得起轰轰烈烈，也能在平淡流年中悠然自处。

这个世上真正的智慧女子，都耐得住寂寞。她们都是控制情绪的高手，外界的纷扰，永远打扰不了她们。心中的愤懑和不平，委屈和落寞，都能被她们妥善打理。正因为这种出色的情绪管理能力，出现在人前的她们，总是淡定从容，自信优雅，活出了自己最美的模样，把自己活成自己最好的名片。

鼓励说幸福——阿依古丽幸福观

还有些女性，独自一人在大城市打拼，忙碌一天回来，只有猫咪来迎接自己。没有爱人的关怀，没有亲朋的陪伴。看着电脑发呆，咖啡逐渐冷却，就感到无边的孤独。这都是寻常女性的寂寞。

但是对于真正有才情的女人来说，寂寞是她们面对自我的最佳时刻。给自己一个安静的角落，跟自己对话，让心灵更加鲜活。每天做好内省的工作，独处守住心，抚慰自己的心灵。这是我们的人生从干瘪走向丰盈，从青涩走向成熟的过程。

耐住寂寞，守住本心，做一个淡然如菊的女子，以宁静的心，坦然面对生活中的风雨和阳光。

用绝望的过去，成就欣喜的自己

生命总是覆水难收，不要用过去的痛苦与错误折磨自己。和过去说再见，拥抱更好的未来。

忘记过去，是为了更好地拥抱未来

这世上没有人没有经历过挫折和痛苦，与其沉浸在痛苦的回忆中以泪洗面无法自拔，不如勇敢地起航，开始新的征程。

对于真正的勇士来说，人生不能抛弃过往的挫折，又怎能成就美好的未来？真正有才情的女人，敢于挑战生活中所有的困难，从每一次失败中汲取经验。自己变得越来越强大，就不会再恐惧失败和挫折。

鼓励说幸福——阿依古丽幸福观

人不免为过去的欢乐的逝去而感伤,也会为那些无法实现的愿望而耿耿于怀,或者是慨叹自己年华老去,不再年轻。但是,那些美好或者是不堪,都已经成为过去。我们无法回到过去,纵使紧紧抓住过去不放,也无实际意义。

我们无法得到世上所有的美好,无法将世上所有的风景刻入眼底。只能是弱水三千,只取一瓢饮。把握自己能够把握的,忘记不能得到的。学会放下和舍弃,转而专注于现在,把工作做好,把自己照顾好,让家人活得更幸福,也不失是一种很高的智慧。

人应该活在当下,把自己的生活经营得风生水起。既不抱怨他人,也不轻视自己。在人生的道路上放松地奔跑,欣赏沿途的风景,让心灵充满阳光。

做一个心有阳光的女子

做一个心有阳光的女子,简单生活,用心去爱。纵有大厦千间,不过身眠七尺。人所需的东西不多,多出来的东西,不如拿去帮助那些需要帮助的人,赠人玫瑰,手有余香,也为生活减负,让人生不至于不堪重负。

做一个心有阳光的女子,对生活充满热情。买买买不是生活的全部,工作和爱好,比购物更重要。只有经济独立,灵魂才能自由,想去什么地方,想要什么东西,都不必看别人的脸色,自己成全自己。

唯有才情，不被岁月打败

做一个心有阳光的女子，学会为别人祝福。嫉妒别人，不但不会把别人拉下马，还会让自己变得面目可憎。祝福别人，会让自己的心灵也充满阳光。记得别人的好，忘记别人的不好，学会感激他人。

做一个心有阳光的女子，找到生活最好的模样。并且按照自己的设想去成长，去一步步缔造理想中的自己，将少年时的梦想变成清晰的现实。日子一天天过去，每一天都是新的。感受到自己的成长，感受到自己内心的日益丰盈。人世间的风刀霜剑，阴晴雨雪，共同塑造坚韧的性格。

有才情的女子，是浮世的一轮暖阳，为人有温度，灵魂有暗香，从容淡定地行走在生命旅途中，且听风吟。

鼓励说幸福——阿依古丽幸福观

鼓励语录

🌸 再美的时装，也会随着流行的改变而落伍，唯有才情才是女人永远的时尚新衣。

🌸 做一个腹有诗书气自华的女子，让知识成为一个女人最昂贵的化妆品。

🌸 女人如花似梦，做一个摇曳的女子，身有暗香，优雅绽放。努力地在生活和工作中深耕，遇到更好的自己。

🌸 对于一个女人来说，开心快乐才是最好的美容仪。

🌸 时间珍贵，只能浪费在最美好的事物上。

🌸 时光从不败美人，智慧加持的女人最美丽。

🌸 只有耐住寂寞，才能拥抱繁华。

🌸 放下过去吧，未来可期。

乘风破浪，也要笑颜如花

　　桃李年华，我们锦心绣口，我们英姿飒爽。

　　我们是善解人意的知心人，也是不畏艰险的攀登者。

　　我们关心眼前人的衣食冷暖，更关心高山背后是否有春色满园。

　　我们微笑面对美好，勇敢面对考验，为了自己，也为了重要之人。

　　我们相信即使雷雨交加，也能守住船帆，驶向那个名为"未来"的彼岸。

　　于是我们主动背负起艰难、爱与希望，乘风破浪，勇敢前行。

鼓励说幸福：阿依古丽幸福观

可以很温柔，也要很坚强

温柔，是我们主动地以温和柔软的态度去对待这个世界的方式。拥有温柔的性情，毋庸置疑是一种让人如沐春风的美好。但是，仅有温柔的性情而没有坚强的内心，很容易让自己迷失在温柔的陷阱当中。有时我们总是温柔地对待这个世界，可世界并不总是温柔待我，这时，坚强就拥有了它必须存在的理由。

我们可以将坚强看作温柔的守护者，它让我们处事时稳重而不焦躁，遭遇到不同声音时接受但不妥协，遇到困难时审慎但不放弃。你可以很温柔，也要很坚强。

温柔且坚强，其实一个很简单的成语就能够形容——柔中有刚。农民作家周克芹曾在他的小说《许茂和他的女儿们》中有这样一段描写："再加以她那活活泼泼的神态，柔中有刚的清脆声音，是谁也无法招架的。"可见，柔中带刚的女性是极有魅力的。

鼓励说幸福——阿依古丽幸福观

作为女性，我们的内心深处有着关心亲人的细腻，有着让长辈放心的乖巧，也有着让朋友自在的柔和。我们可能认为温柔处事是最正确的选择，但是我们每个人都出生在不同的家庭里，成长在不同的环境中。有些人含着金汤匙出生，而有些人甚至没有被寄予成长的期盼。当我们遇到这些与生而来的苦难或是成长中的困境时，如果仅仅是用温柔的方式去应对，是很难跨越这些难关的。

面对困苦，想必任何人都不愿意低头认输。坚强就是我们对抗困苦的第一道防线，不够坚强就等于被打败在了起点上。面对低谷，如果我们不够坚强，崩溃并哀叹于命运的作弄，就可能永远被留在谷底，最终一事无成。面对感情上的纠葛，如果我们不够坚强，就会迷失自我，自我都不复存在了，又何谈自身的温柔呢？

古希腊哲学家爱比克泰德曾说："我们登上并非我们所选择的舞台，演绎并非我们所选择的剧本。"但是，既然已经无可选择地站在舞台的中央了，面对一场难以演绎的剧本，是崩溃退场成为一个连姓名都没有的过客，还是坚强挺立，然后拼尽全力成为独一无二的主角，能否在灯光下闪耀，全凭你的决定。

人生本就是酸甜苦辣，要知道什么时候温柔，什么时候坚强。身在顺境时展现出来的柔和一面纵然能使你获得更多的赞美，身在逆境时的坚强却能让你走得更远。懂得坚强的女性往往也能够更加温柔，因为她们清楚地知道温柔与坚强是如何相互连接，又是如何区分的。她们懂得过柔则颓，木强则折的道理。她们能够很好地安排自己的人生，在任何困难面前她们都能坚强面对。同时，她们也会带给身边人柔和且可靠的感觉，获得更多的认同与尊重。

你可以很温柔，也要很坚强。只因唯有坚强能让你有勇气屹立在舞台的中央，去演绎属于你自己的温柔的故事。

突出个性，彰显魅力

一棵树上很难找到两片叶子形状是完全一样的，一千个人中也很难找到两个人在思想情感上的完全一致。个性是一个人扎根在骨血之中的独有的形象符号，良好的个性胜于卓越的才智。在这个处处彰显个性的时代，突出你自己的个性才能彰显你的魅力，把你从黑暗之处带到聚光灯下。

苏联心理学家莱斯托夫曾提出一个观点：当人们所面对的大多都是相对普通或是属性一致的事物时，人们普遍会更多地记住那个相对独特的存在。不管事物是人、动物、一种食品还是衣服。也就是说，只有当一个人极具个性，拥有自己的特点时，才可能被他人主动注意到。当女性拥有了这种吸引他人关注的力量时，我们就会称其拥有魅力。

能够突出个人特征的女性形象在当前社会是被广泛需要的，人乘风破浪，也要笑颜如花

们向往并追求这样形象的女性，也有人需要以这样的女性作为自己精神的领袖去赋予自己勇敢的灵魂。一个很难被替代，真正具有魅力的女性，不是她外表有多么美丽，也不是衣着打扮有多么奢靡，而是她自灵魂深处散发出来的独特魅力。随着时代的变迁，新时代的女性不必再通过打扮或改变自己去讨好谁，依附谁。我们已经可以反客为主，坚持我们的个性，散发我们独特的魅力，让他人主动前来追寻。

个性不是用"外向""内向""乐观""腼腆"这些通俗词汇就能够描述完整的。如果不具备突出的个性特征，在这个人们能够轻松获得任何信息的年代，一个随时可以被另一个人所替代的存在将很少被他人留意到，也很难获得欣赏。

当然，个性也不是特立独行，矫揉造作，不管不顾。个性是一个人人格的彰显。一个人的个性始终与其思想和价值观相关联。如果你对待事物的态度是积极的，那么我们说你的个性中拥有乐观的一面。如果你行得正坐得直，从不贪小便宜，那么我们说你的个性中有正直的一面。

真正值得突出的个性，一定是具有社会性的。因为我们无时无刻不活在这个社会当中，唯有具备正确的价值观、动机和理念的个性，才能够让我们为人处世显得落落大方，美丽且不失智慧。

中国现代著名女作家张爱玲称得上是文坛中一位独具魅力的作家。从她的小说中便能看出她看待这个世界的独特观念。她的小说不能归于任何一个流派，因为是那样的别具一格。她小说中的女性

 鼓励说幸福——阿依古丽幸福观

大多具有鲜明的个性特征,基于这些个性去展现其快乐、悲痛、矛盾、自救等多个层面的精神世界,对精神上无法独立的女性寄予关注与同情。同时,她也尖锐地披露当时女性原生的自卑、软弱、自私等内心阴暗面,以一种对女性全方位的观察打开了女性文学的新窗口。

在感情方面,张爱玲也是一个敢爱敢恨、个性分明的人。她对于女性自我解放、自我发展的独特观念注定让她在感情上不依附于任何人。她与胡兰成的爱情是她一段重要的感情经历。张爱玲的个性吸引了胡兰成,而张爱玲也义无反顾地投身到这段爱情当中。但是,当她认清这段感情,是注定没有结局的时候,她也同样义无反顾地选择了离开,她为胡兰成留下一句话:"因为懂得,所以慈悲。"

张爱玲在她的文学与感情之路上都无时无刻不显露着她独特的个性。说她执着也好,说她勇敢也好,说她张扬也好,这都是独属于张爱玲这个人的独特所在。她将她的个性融入她的生活,融入她的爱情,融入她的作品。不仅是在当时的文坛,即使是在她过世后,仍然有人愿意追逐她的精神,体味她的作品,探索她的故事。"世上但凡有一句话、一件事,是关于张爱玲的,便皆成为好",这是胡兰成写给张爱玲的一封信中的语句。想必在胡兰成眼中,张爱玲就是这样一个独具魅力的存在。

纵然张爱玲在一生中也犯过错,也受过伤,但是她努力让自己的生命之花绽放得更加明艳动人。我们可以去欣赏那个自信、洒脱、善于展现自己个性、善于将个性融入事业与生活的张爱玲。那个个性鲜

乘风破浪，也要笑颜如花

明的她时至今日仍然会被人想起，作为女性文学的开拓者，她那极具个性的作品也一直广为流传。

当然，有时比起张爱玲这样的才女，我们可能自卑于自身能力的逊色。但是，正如"一千个人眼中就会有一千个哈姆雷特"一样，人与人都是各不相同的。我们应当如张爱玲一般正视自己的个性，欣赏自己的个性并尽最大可能去展现个性。不是纠结于为什么自己没有这样那样的个性，而是应该聚精会神地去关注自我，去发掘自己身上拥有的而别人没有的特点。

个性是天然存在的，因个性而产生的魅力也会持久存在。正如著名意大利女演员索菲亚·罗兰曾说："真正的魅力就是自我的诚实展现。有时，某种无意间的羞涩或失言，都具有魅力，因为它们发自心灵，未加修饰，让我们看见了一个人独特的侧面。"当你能够很好地发现并突出你的个性时，你才能散发出属于你自己的独特魅力。

抛开面具，活出精彩的自己

我们不应该为别人活着，而应该为自己而活，为自己选择一条想要为之奋斗终生的道路，为自己找到一份喜欢的工作，做一份规划，不为别的，只是为了帮助自己理清思路，不断提升自己。努力生活和展示自我不是为了别人的评价，而是为了活出精彩的自己。

10岁，我们是父母口中的乖乖女，穿着父母为我们准备的小裙子，说着父母希望我们说的话。那时我们想着，等到18岁，成年了就不必再受到约束了。

20岁，我们已经成年，可生活并不如我们所想的那么自由，无论是在学校还是步入社会，似乎我们要迎合的人和事情变得更多。我们可能知识渊博却不能展露太多，因为我们担心会变成同学或是同事的公敌；不管我们是否真的快乐，面对他人总是时刻保持微笑，因为那样会让我们更受欢迎。

乘风破浪，也要笑颜如花

30岁，我们也许组建了家庭。但是，成为家庭中的一员后，我们更加无法彰显自我，我们开始被工作、生活、家庭三方支配，为了让领导满意，为了让爱人满意，为了让孩子满意。

无论是乖乖女、懂事的下属、贤惠的妻子还是能够带来快乐的朋友，这些定义可能都无法用来定义真实的自己。你可能觉得生活很无奈，被迫戴上各种各样的面具，走着走着就变成了我们曾经讨厌的那个模样，而忘记了本来的自己。

人类最大的富有，是精神上的富有。而精神的富有是靠一个人主动追求得来的。当我们戴上各种各样的面具，活成了另一个人时，就失去了主动追求的能力，按照别人对我们的评判做事，任意改变我们自己原本的面貌，犹如一只提线木偶，可以被任何人操纵。

摘下面具，其实就是抛开他人对你的束缚。能够按照自己的意志度过一生的人是快乐的，因为她没有任何负担，她不必为了取悦或迎合别人而改变真正的自己。这一生当中所遇见的人、告别的人、经历的事都是她主动去追寻的，而不是迫于无奈。在没有面具的岁月里，她不会去乞求所有人的认可，而是反客为主，为自己努力，为自己喝彩，活得真实而自信。

只有你自己知道自己是谁，依附于他人的判断就相当于把自己的灵魂交付到别人手中。当你清醒地认识到这一点时，当你不再为了他人的目光而活着的时候，你才能够真正下笔开始谱写属于自己的故事。历史上著名的发明家、演员海蒂·拉玛正是这样一个存在，即使面对重重阻碍，她也勇敢地摘下了面具，活出了自我。

鼓励说幸福——阿依古丽幸福观

1914年11月9日,一个名叫海德维希·爱娃·玛丽亚·基斯勒的姑娘出生在奥地利的一个贵族家庭。这个看似冗长的名字自然是父母给予她的,正如她的名字中被赋予了圣洁、美好的意味,这位姑娘从出生起也被父母赋予了定义。在她父母的定义里,她应该是优雅的、美丽的女人,因为只有这样的女人才能被男人欣赏和爱,才能嫁给一个名流,成为一名贵妇人,如她母亲一样。然而,海德维希不是这位姑娘后来被人所熟知的名字,海蒂·拉玛才是。那是她挣脱封建婚姻,前往好莱坞后为自己起的新名字,代表着属于她自己的独立意识。

说到海蒂·拉玛这个名字,也许我们仍然很难想起她到底是谁,但是她有一个成就与我们息息相关,那就是"无线电通信技术",我们现在所使用的4G网络、无线网络的基础正是这位勇敢找寻自我的姑娘所研究出来的"跳频技术"。

在勇敢告别了包办婚姻前往好莱坞后,海蒂·拉玛曾和许多好莱坞巨星合作演出。作为一名演员,海蒂·拉玛无疑是成功的。那么,这样一位成功的年轻女演员,又是怎样转变为一名发明家的呢?

让海蒂·拉玛从一名演员转变为发明家的契机,仍然是她那不愿被他人定义的理念。在影视圈,人们始终关注的是她的美貌而不是她的演技,这让海蒂·拉玛觉得难以忍受,她不想被人们定义为"美丽的女性",于是毅然决定离开影视圈。

离开影视圈后,海蒂·拉玛重拾自己的通信技术专业知识,她想向世界证明,海蒂·拉玛这个人所拥有的远不止别人眼中的美貌。终乘风破浪，也要笑颜如花

于，在1940年，海蒂·拉玛所研究的"跳频技术"诞生了，这项出色的发明为后世带来了深远的影响，我们现在所知的无线电通信技术知名企业——高通公司，就是基于海蒂·拉玛的这个发明而起家的。

如果海蒂·拉玛在她所在的那个年代选择戴上面具，成为一个让身边所有人都满意的女人，也许就会因为年华的逝去而很快被遗忘了，而她后来的那些成就，自然都将与她无关。

所以，当你不再为了别人的赞美和鼓励而活的时候，不再通过别人对你的判断而任意改变自己本来的样子的时候，你才真正成就了自己。比起需要反叛父母，放弃财富，还要敢于面对社会女德抨击才能求得自我的海蒂·拉玛来说，在当今这个更为宽容的社会，我们想要追寻自我要显得轻松许多。前提是只要你愿意踏出那一步，勇敢摘下为了他人而戴上的面具，相信你也能活出如海蒂·拉玛一般属于自己的精彩人生。

你若坚持，终将美好

不管你的出身如何，不管你的天资如何，你都需要认真地度过你的一生，因为那些能够被改变的事，能够让你幸福的事，不会理所当然地来到你的面前。想要实现自己的目的和愿望，去向自己想要去到的方向，你唯有永不放弃，坚持到底。当你拥有坚持下去的决心，你就必然能够到达美好的未来。

"如果你有梦想，在追求它的路上你就会收获快乐，如果你坚持去追求它，定能收获美好的未来"。这样的道理，我们可能时常听到，也时常这样想着。但是，我们又都知道甚至说过这样一句话："说出来很容易，但是想要做到却好难啊。"

确实，坚持的道路往往困难重重且崎岖难行。我们只知道海伦·凯勒因为突发的疾病丧失了视觉和听觉，她没有自暴自弃最终写出了自传——《假如给我三天光明》这样伟大的文学作品，但是我们

乘风破浪，也要笑颜如花

很少去关注她为了能够继续学业和完成作品，付出了多少不为人知的努力与汗水。当我们放下海伦·凯勒的故事，转而又被下一个持之以恒最终获得成功的人的事例所感动时，我们又下定决心要去做，可是遇到困难我们却又一次退缩了。

有一句话说得好——如果不去的话，又怎么会有到达的那一天呢？坚持确实困难，因为它挑战了我们的舒适区，强迫我们要从原本已经塑造好的舒适区里走出来，让我们主动去迎接困难和麻烦。但是坚持的道路，只有你真正往下走，才能翻过那座挡住前路的高山，然后遇见柳暗花明又一村的广阔天地。

在海明威的《老人与海》一书中，海明威写道："人不是为失败而生的，一个人可以被毁灭，但不能被打败。"在这看似决绝的论断中，我们看到的是海明威为了坚持实现梦想甚至准备向死而生的勇气。

海明威笔下的老人可能只是一个文学作品中的艺术形象，我们可能会想，现实中又怎么会有为了能够实现梦想而欣然赴死的存在呢？事实上，这样的例子有很多，其中有一个我们非常熟悉的名字，我们虽然没有真实地见过她，但是我们都或多或少在我们的学生年代听到过她的名字——居里夫人。

学生时代，教科书上可能会这样写：居里夫人是一位伟大的科学家，她发现了元素镭，为世界科学的进步做出了卓越的贡献。但是，真实历史上的居里夫人远不止这一句话能够概述，而她对于科学研究的执着坚持也是贯穿了她一生的最美的风景线。

187

鼓励说幸福——阿依古丽幸福观

坚持走在科学研究这条路上的居里夫人一生都在面临科学界以及现实生存的双重考验。为了证明"镭"的存在，居里夫人和她的丈夫卖掉了家里所有值钱的东西，每天与十几吨的沥青铀矿渣生活在一起，进行不断的提纯实验。实验，失败，再实验，再失败，就这样反复地进行着，终于提炼出了纯镭。

尽管完成了元素发现这样伟大的研究，生活却没有对她多么友善。在居里夫人39岁时，她的丈夫因车祸去世了，这让原本就相当困难的居里夫人的生活雪上加霜，连生活都有困难，更别提继续她的研究了。即使是有一定毅力的人，熬过了那几年不断失败的实验和不被认可的贡献后，可能也会止步在生存的困境前。但是，居里夫人并没有这样。她在大学任教，用微薄的薪水努力养活自己和未成年的女儿，并借助学校的实验室继续着她的研究。

除了让她引以为傲的镭的研究，在第一次世界上大战中，为了保住战场上士兵们年轻的生命，她还曾义无反顾地停止了对镭元素的研究，在与镭实验时同样艰难的环境里，完成了X射线在医学上的应用，为不计其数的伤员挽回了生命。

坚持是一种强大的力量。居里夫人始终走在科学研究这条道路上，如果没有坚持的力量，就不会有镭的诞生；没有坚持的力量，可能会有更多生命流逝在战场上。坚持的力量，是哪怕前方迷雾重重，也能从雾中透过来的一束光，引导我们向着目标的方向继续前行。

坚持的力量是创造的力量，即使此刻脚下依然是平地，也一定能够在某一天建成摩天高楼。我们努力地养成一种习惯、努力地通过一

乘风破浪，也要笑颜如花

门考试或是努力地完成一项工作，其实这些都是坚持的力量，都是让我们能够越来越好的力量。

多一分坚持就多一分希望，作为一个普通人，也许我们没有居里夫人那样深的科学造诣，也没有她那样伟大的抱负。但是，不论任何人，都可以拥有一个梦想并为之奋斗终生。有时面对困难和阻挠，我们可以三思而后行，但我们一定不能放弃。坚持着，慢一点走，也许还能走到美好的未来；如果不走了，停下了，那就会被永远地留在原地，再也不知道高山之后是怎样美好的风景了。

坚持的点点滴滴，都是不断塑造自我的过程。纵然前路困难重重，我们能够在坚持的过程中成长，在实现梦想时庆贺。与跌倒的糟糕体验相比，努力地爬起来的经历更让人记忆犹新；那些坚持过后的成长与收获，才是更值得我们去感受的美好。

所谓的安全感，只源于自己

安全感是一种平和、宁静、踏实的心理状态，只有我们能够自己掌控身边事物的发展时，我们才能获得这样的安全感。

患得患失是没有安全感的表现，而依赖他人是患得患失的病因。将所有希望寄托于别人的给予，失望就会如影随形。因为你不能掌控他人的思想与行动。当这种失望源源不断地累积，失望就会转变为深刻的绝望，让你彻底陷入黑暗之中。所以，永远不要把安全感寄托于别人，安全感，只有自己能给自己。

安全感是每个人必不可少的一种精神需求，它让我们感到平和、宁静、踏实。在安全感的作用下我们没有压力地生活，因为一切都掌握在我们自己手里，一切都是可控的。

在心理学中有一种关于需求的理论，名为"马斯洛需求理论"。在这一理论中，马斯洛将人的需求分成了五个层次。这五个层次由低

乘风破浪，也要笑颜如花

到高分别为生理需求、安全需求、社交需求、尊重需求以及自我实现需求。可见，当人们满足了温饱这一类生理需求后，下一刻就会去追求安全感。

安全感的缺失是焦虑的，你会对身边的人和事表现出过度的担忧。安全感的缺失是敏感的，你总是害怕受到来自周围人的伤害，比如你在办公室，当几位同事聚在一起说话时，你是否产生过"对方是不是在说我？"这样的想法？安全感的缺失是缺乏自信的，你可能总是会想要从别人身上获得肯定，一旦别人没有表达对你的认可，你就会非常在意，这种在意甚至会影响你的生活。

你能否拥有安全感的前提绝不是你为别人做了多少，而是你为自己做了多少。真正的安全感，不是你对别人的妄加猜测和无端想象，它不是等来的，而是你为自己付出了积极的努力后自然而然产生的。

许广平，鲁迅先生的爱人，更是一位思想进步、积极投身于反帝反封建运动的新青年，一位巾帼不让须眉的革命战士。无论是坚定地走在革命的道路上，还是在与鲁迅先生的爱情中，这位新青年，这位具有独立意识的优秀女性都极具安全感。我们从未听过许广平在自己选择的路上感到脆弱，或在面对她的爱人时表现出对于忠诚的担忧。她从不祈求鲁迅先生的爱，相反，她将爱给予他。他们生活在一起，又各自独立；他们相互尊重，相互理解。

如许广平，她一生中都始终拥有的这种自信以及对爱人的信心正是她安全感的来源。她拥有不依靠任何人也能很好生活的能力，她的才华让她名噪一时。她投身革命后撰写的文字、创办的报刊至今仍是

鼓励说幸福——阿依古丽幸福观

值得学习的佳作。她的自信、才华以及坚定投身反帝反封建事业的精神更是让她充满了魅力,在这种魅力中,她不必忧心于爱情的失去,因为她有能力让这份爱情历久弥新。

真正的安全感,始终都是自己带给自己的,为自己选择一条值得走的道路;为自己投资,获得足以让自己的精神与生活都能独立的能力。欣赏自己,给予自己自信,我们就能将寄予在他人身上的希望收回,成为我们自己的希望。

从现在开始,停止把注意力放在别人身上,而是放在自己身上。在生活中,努力学习,努力工作,为自己积累比别人更优秀的能力。在爱情中,尝试给予对方更多的爱,而不是等待对方将爱给予你。丰富自己的精神世界,不自卑,不迷茫,不通过被动的方式获得安定,不索取不是通过自己的努力而获得的财富,不为获得他人的肯定而活。无论是精神世界的愉悦还是物质财富的使用,都不由他人做主,可以牢牢地掌握在自己手中了。如此,才能获得我们所期待的自信、安心、平和的状态。

厚积薄发，才能自信从容

《傲慢与偏见》中曾有这样一句话："以爱一个人的名义放弃自己的梦想，会失去自己的自尊。靠自己努力成为优秀的人，才有傲娇的资本，这才会成就最好的我。"

人生从来不会辜负刻苦学习、勤奋自律的有心人。一位出色的女性，能够获得自信从容的面貌皆是源自她的勤学苦读。信手拈来的从容，从来都是厚积薄发的沉淀，而厚积薄发无非是无论人生大起大落，都要沉着冷静，绝不言弃，保持自律，通过不断积累来提升能力，然后稳操胜券一鸣惊人，这就是厚积薄发的真谛。

细数古今中外能够被称颂的女性名人，无一不是通过强大的自律能力，勤勉的学习能力来收获成功的。如我们十分熟悉的现代知名作家J.K.罗琳；如从最底层做起，一路凭借自己的努力成为惠普第一位女总裁的卡莉·菲奥莉娜。

鼓励说幸福——阿依古丽幸福观

J.K. 罗琳创作出《哈利·波特与魔法石》的时候，她 32 岁，经历了数年坚持不懈的创作。卡莉·菲奥莉娜成为惠普 CEO 时，她 47 岁，经历了数十年的职场打拼。还有一位大器晚成的美国著名画家"摩西奶奶"，她成名时已有 80 岁高龄。

在摩西奶奶传奇的一生中，她曾收到过一位署名"春水上行"的年轻人的来信，那是一位日本年轻人，信里倾诉他已经 30 多岁，无法勇敢地选择自己喜欢的事业，也不喜欢自己现在的工作，因而十分苦恼。摩西奶奶在她的回信里告诉那个年轻人："做你喜欢做的事，上帝会高兴地为你打开成功之门，哪怕你现在已经 80 岁了。"这位年轻人收到回信，真的鼓起了勇气，重新选择了他喜欢的事业——写作，并创作了许多我们耳熟能详的作品，如《失乐园》《樱花树下》等。这位年轻人就是日本当代著名作家渡边淳一。

如果真的想要实现一个梦想或是做成一件事，只要从现在这一刻马上开始就不算晚。摩西奶奶还曾说过这样一句话："人们总说太晚了。然而，实际上，最好的开始就是从现在开始，对于一个真正想要追求什么的人来说，生命中的每一个时期都是年轻且及时的。"

回忆我们过往的人生，也无非都是在起起伏伏之间度过，有高光时刻，也有灰暗笼罩的时刻，没有谁的人生总是一帆风顺。想要最终拥有成功，做出成绩，以更加从容自信的姿态面对人生，唯有不断地学习与积累。自信，信的是你日积月累的学识；从容，容的是你眼前暂时的低谷与失败。很多人错失触底反弹的翻身机会或是平步青云的升职机会，是他们不愿意崛起吗？当然不是。是因为他们从来没有真

乘风破浪，也要笑颜如花

正努力过，因而能力不足，即使机会摆在面前，也无法抓住机会。

在成长为美丽优雅的天鹅之前，无人关注的丑小鸭需要不断练习成长。而成为天鹅后若想展翅高飞，又必须先在水面滑翔很长的一段距离，若非如此，即便拥有美好的外表，它也不能自信地展开它洁白的翅膀，从容地昂起它优雅的脖颈在蓝天自由翱翔。

如果你曾因为看不到前方而放弃追求自己的理想，那么从现在开始重拾理想也来得及。但我们要时刻记得，理想不是说出来的，而是做出来的。没有谁在开始努力之前只凭想象就能够碰到成功。

唯有经历深厚的积累，方能拥有蓬勃而出的能量，才能抓住机会，走向成功。这日积月累的能量也正是你能够获得自信与从容心态的关键。须知："伏久者飞必高，开先者谢独早。知此，可以免蹭蹬之忧，可以消躁急之念。"(《菜根谭》)

 鼓励说幸福——阿依古丽幸福观

鼓励语录

🌸 坚强、个性、自我、坚持、自信、学习，积极的能量能够抵御一切的风霜，让你能够微笑从容地去乘风破浪。

🌸 坚强是守护者，温柔是呵护者。柔中带刚、刚柔并济能够让我们微笑面对困难，勇敢跨越难关。

🌸 个性是一个人扎根在骨血之中的独有的形象符号，良好的个性胜于卓越的才智。

🌸 摘下面具，你就是最完美、最快乐的自己。

🌸 我们应该不虚度平生，应该能够说我已经做了我能做的事。

🌸 安全感是一种平和、宁静、踏实的心理状态，只有我们能够自己掌控身边事物的发展时，我们才能获得这样的安全感。

🌸 伏久者飞必高，开先者谢独早。知此，可以免蹭蹬之忧，可以消躁急之念。

四季婚姻，让春夏秋冬皆有爱

　　一年有四季：春夏秋冬。婚姻也犹如四季变换，我们应尽情享受美好甜蜜的春夏时光，同时我们也要做好准备，以应对寒冷萧条的秋冬时节。只要有爱和坚定的信念，我们便会度过寒冬，迎来温暖的春天。

鼓励说幸福：阿依古丽幸福观

春风夏花，婚姻布满浓情蜜意

　　悠扬的婚礼进行曲在礼堂奏起，一对新人手挽手，在家人和众多亲朋好友的见证下对彼此做出了一生的承诺，从此开启了全新的生活。在刚刚踏入婚姻的几年中，一切都充满了新鲜，婚姻生活中虽然会有一些小小的荆棘，但只要双方用心经营，依然会使婚姻生活充满浓情蜜意。作为女性，我们要了解一些有关爱情与婚姻的不二法则，这样我们才能为自己的婚姻不断注入营养与活力，更加从容地面对婚姻生活。

鼓励说幸福：阿依古丽幸福观

年轻女孩子如何选对另一半

知彼知己，才能做出更理智的选择

俗话说：女孩子在婚前一定要睁大双眼，在婚后要学会闭上一只眼。这句话不无道理，女孩子只有在婚前慎重做出选择，才能为以后的幸福生活打好基础，避免很多不必要的麻烦。那么，女孩子应该如何选择自己的另一半呢？

女孩们，在选择另一半之前，你们不妨先问问自己：我最在意对方哪些方面？是人品、颜值还是对方所拥有的资源？我以后想要过怎样的生活？我的消费观是怎样的？对方身上的哪些点（性格特征、癖好、生活习惯等）是我无法容忍的？相信大家在思考完这些问题之后，都会在心里有一个答案。只有在了解自己的基础上，才能知道什

鼓励说幸福——阿依古丽幸福观

么样的另一半是适合自己的。

其中,在"最在意对方的哪些方面"这个问题上,有的女孩子可能会更注重对方的颜值,认为只要对方的颜值在线,其他方面都无所谓,每天只要看到他心情就好得不得了。这样的选择当然不能说错,只是在选择颜值的同时,也要多留心了解一下对方的其他方面,诸如人品、责任心等,这些方面也要基本合格,否则颜值所带来的就不仅仅是"好心情"了。有的女孩子可能会认为"贫穷夫妻百事哀",物质基础是生活的前提,自己选择另一半的时候首先看中的是对方的工作和经济基础,看对方能否满足自身的消费和生活需求,这样的观点也无可厚非,现在的生活压力越来越大,谁不想自己的后半生能过着衣食无忧的生活呢?同样,在选择另一半时,除对方的经济条件外,也应综合考虑对方的其他方面是否合格。我们虽不能太贪心,什么都想要,但最起码对方在一些基本点(人品、责任心等方面)上不能太差,否则对方的优点可能到最后也会变成致命的缺点。

另外,两个人的消费观也应基本保持一致,至少没有较大出入。比如一个人平时省吃俭用,认为钱应该花在刀刃上,另一个则比较注重生活品质,平时爱买化妆品和奢侈品,那么两人在消费观上就存在着很大的差别,如果选择走在一起,以后难免会因为买东西的事情而发生争执。

春风夏花，婚姻布满浓情蜜意

不要听对方说了什么，要看他做了什么

在谈恋爱时，不少女孩子都很容易沉浸在爱情的甜言蜜语中，对对方的海誓山盟深信不疑，这时女孩们一定要保持清醒的头脑，不要听对方说了什么，而要看他实实在在地为你做了哪些事情，看他是否真正在为你们的未来做出努力。

李鹏和郭晓菲是一对情侣，在两人上大学时，李鹏曾对郭晓菲说，等他们大学毕业就带她去见父母，然后两人就结婚，郭晓菲每次听他这样说，都羞涩地点点头，脸上写满了幸福与期待。然而，大学毕业两年了，郭晓菲始终没有等来李鹏的求婚，她每次暗示李鹏，李鹏总是以工作太忙等为由搪塞过去，郭晓菲伤透了心，终于在和李鹏大吵一架后选择了分手。

在以上案例中，李鹏的诺言迟迟没有兑现，而郭晓菲也浪费了自己的青春。所以，女孩们，在谈恋爱时你们一定要捂住耳朵，睁大眼睛，重点看对方为你做了什么，而且要看他是为了讨好你而暂时被动地去做还是因为心里有你才会心甘情愿去做，这点需要较长时间的接触和观察才能判断出来，因此大家不要太心急，要用心去感受，用眼睛去看、去观察，总有一天，时间会告诉你答案。

内在品质是长久关系的基础

虽说每个人的择偶标准不一,在选择另一半时在意的方面也不一样,但好(至少不能太差)的内在品质是一段长久关系的基础。好的内在品质包括具有责任心、上进心、积极乐观、心地善良、胸襟阔达、为人坦诚大方等,和拥有这些品质的人在一起,最后的生活都不会太差,至少自己不会受委屈。

相反,如果一个人行为懒散、不思进取、自私自利、心胸狭隘,甚至有暴力倾向(语言暴力、精神暴力和身体暴力),那么不管他在外人看来多么成功,一定要坚决对此类人说不,如果连最基本的人身安全都得不到保证,别的就更无从谈起了。

解读爱情与婚姻的关系

爱情是婚姻的基础

　　爱情,是一种个体与个体之间的强烈的依恋、亲近、向往,以及无私并且无所不尽其心的情感。简而言之,爱情是人类所独有的一种复杂而又美好的情感,正因其单纯、美好,才令无数男女心向往之。古今中外流传着许多经典、凄美的爱情故事,譬如罗密欧与朱丽叶、梁山伯与祝英台、孔雀东南飞等,就连童话故事的结局都是王子和公主从此幸福地生活在一起。

　　在现实生活中,爱情并不需要用生离死别来见证。真正的爱情是双方能彼此信任、互相体谅、换位思考,能接纳对方的缺点与不足(不涉及底线和原则的前提下)。如果在谈恋爱时能做到以上几点,就

鼓励说幸福——阿依古丽幸福观

证明你和他已经具有了深厚的感情基础,而牢固的感情基础是婚姻长久的秘籍。因为在婚后,你们要面对的更多是生活的柴米油盐,如果没有爱情作为支撑,很难做到互相包容和体谅,双方在婚姻中感受不到温暖与幸福,只是一张冷冰冰的契约,这样的婚姻味同嚼蜡,难免会有些遗憾。

当然,并不是所有的人都能遇到那个喜欢的人并携手共度余生。男女中的一方可能会因为年龄、家境等因素选择嫁/娶一位自己并不喜欢的人,试图在婚后培养感情或干脆将就着过。个人认为,这样的选择并非不可取,但需要慎重,要想清楚自己最想要的是什么样的生活,一旦做出选择就不要后悔。

婚姻是爱情的归宿

婚姻,是男女二人以爱情为基础而组建起来的一个社会单元。提到婚姻,很多人都会想到这句话:"婚姻是爱情的坟墓"。这句话让即将步入婚姻殿堂的女孩们在高兴之余内心不免会生出担忧,担心在婚后生活的琐事中爱情逐渐被磨灭,担心自己再也不是对方心中的"小公主"了。

其实,爱情和婚姻是不冲突的,婚姻是爱情的归宿,是相爱的两个人携手共度余生的最好见证,只是婚姻中增添了几分烟火气息,更多了几分担当与责任。只要用心,你会发现,爱情一直都在,只是一

春风夏花，婚姻布满浓情蜜意

部分转化为了亲情，另一部分以更加细微的方式渗透在了平凡的生活中。

在你熬夜写工作方案时，对方轻轻地在你桌上放一杯热牛奶；在你睡着时，对方把被你蹬开的被子重新为你盖好；在你疲惫不堪时，对方会给你一个深情的拥抱和踏实的肩膀；在你不舒服的那几天，对方会包容你的小脾气……婚姻中的爱情并不需要多么轰轰烈烈，只有互相扶持、彼此陪伴，爱情才能细水长流。每个人在生活中都会有来自各个方面的压力，时间和精力也是有限的，只要对方心中有你，懂得为你着想，为你分担，就是一种浪漫和幸福。

经得起婚姻的考验，才算得上真正的爱情，真正相爱的两个人不会因为进入婚姻，爱情就变质或者消失了，相反，他们会把对对方的爱渗透在生活的每一个细微的角落，用心去感受、去品味那埋藏在生活琐事中的最平凡的幸福。

白头偕老的秘密

承诺与责任是婚姻长久的保证

婚姻是一个男人和一个女人做出的共度一生的承诺，是信守彼此的承诺。婚约是公开的海誓山盟，是遇见任何艰难险阻也要履行的誓言。素不相识的两个人一旦步入婚姻殿堂，无论哪一方都要有所准备，你的另一半可能会时不时地做出一些令你大失所望的举动，而你需要学会包容，不要以此为借口，轻易放弃你们的关系。

承诺和责任是使婚姻长久的保证。家家有本难念的经，每个人在婚姻生活中都不是一帆风顺的，难免会出现这样那样的问题。只有双方把婚姻看成庄严、神圣的，并且认真履行婚姻中的责任和义务，才

春风夏花，婚姻布满浓情蜜意

能在遇到问题和困难时一起面对，努力寻求解决的方法，而不是一味地逃避问题，埋怨对方，甚至开始质疑自己当初的选择，产生放弃的想法。

杨迪和叶安是一对结婚 5 年的夫妻，周围的人都很羡慕他们的感情，但只有他们自己知道，这一路走来是多么不容易。在两年前，妻子杨迪被查出得了慢性疲劳综合症，原本的生活节奏被打乱，杨迪的心情顿时跌入谷底。在她接受治疗的那段时间，是丈夫叶安一直不离不弃地陪在身边照顾她、鼓励她，不惜花费重金为她治疗，最后她的病情才得以康复。杨迪是幸运的，她的丈夫在她遇到困难时选择了与她共同承担，用自己的实际行动履行了婚姻的诺言，践行了作为丈夫的责任。

彼此信任是幸福婚姻的基石

彼此信任是婚姻的基石。信任是一种弥足珍贵的东西，是维系感情的前提和基础。一次背弃便会造成一条难以弥补的鸿沟，想要再次获得别人的信任，就没那么容易了。

在婚姻中，多疑和猜忌是大忌，每个人都喜欢待在舒适、轻松的家庭氛围中，没有人愿意生活在一个处处被提防、时时被监控的环境中，这样的婚姻就像是一个上了枷锁的牢笼，压得人喘不上气来，想要迅速逃离。如果真爱对方，就应该给予最基本的信任，给对方，也

鼓励说幸福——阿依古丽幸福观

给自己留有一定的私人空间,切忌捕风捉影、疑神疑鬼。在一切都未弄清楚之前,与其歇斯底里地责难与质疑对方,倒不如留着精力多提升自己,把目光放在自己身上,好好爱自己,还是那句话,时间会告诉你答案。

被人信任是一种难能可贵的荣誉,对人信任是一种良好的美德和心理品质。在婚姻中,双方只有彼此信任,夫妻之间的感情才会愈加浓郁,婚姻生活才会更加幸福美满。

包容与接纳是维持婚姻的动力

婚姻中,有一种感动叫相亲相爱,有一种感动叫相濡以沫,还有一种感动叫包容与接纳。恋爱虽然很浪漫,但走进婚姻,最终要归于平淡,回到柴米油盐的现实生活中。

在现实的婚姻生活中,我们需要处理生活的琐事,面临来自各方面的压力,在这样的情况下,我们很容易变得疲惫不堪、暴躁易怒,将原本对方的一些不足抑或是不符合自己想法的行为加以放大,揪着对方的错误(非原则性问题)不放,每次吵架最关注的不是如何去解决问题,而是不停地翻旧账,非要争个你高我低。双方在婚姻中缺少了对彼此的包容,婚姻生活就变成了火药味十足的战场,每次争吵带来的不是问题的解决,而是情感隔阂的加深。

因此,在婚姻生活中,男女双方应学会包容和接纳对方身上的缺

春风夏花，婚姻布满浓情蜜意

点和小毛病，在遇到矛盾时要心平气和地进行沟通和交流，积极寻求解决的办法，而不是一味地指责和埋怨对方。生活本就不易，时有风暴，时有暗礁，请珍惜你们之间的缘分，善待彼此，只有划动包容之桨，挂起接纳之帆，同心协力，才能到达幸福的彼岸。

经营爱情，需要适度牺牲

请珍惜愿意为你做出牺牲的那个人

人的本能都是趋利避害的，如果有人愿意为了对方而心甘情愿放弃自己的利益，做出一定的牺牲，那么至少证明这个人是真的很爱对方。

在爱情中，没有绝对的平等，肯定会有一方爱得多一些，而爱得多的一方在平时的生活中则会做出较多的让步，当两人利益发生冲突时，也更倾向于做出牺牲。爱情就像一艘在海上航行的帆船，需要两人共同经营才能行驶得平稳长久，否则只有一方长期付出，爱情的小船迟早会倾斜，甚至颠覆。因此，在爱情中享有优势的一方不要把对方的好和做出的让步当成理所应当，对方是因为爱才会甘愿做出牺

春风夏花，婚姻布满浓情蜜意

牲，你们之间并非借贷关系，理应更加珍惜这份感情，并适时为对方做些什么，这样的爱情和婚姻才能长久。

李倩和王涛是一对新婚夫妻，李倩因为肤白貌美，从小在众人的赞美中长大，优越感十足，而王涛在对李倩紧追不舍长达3年之后，终于如愿抱得美人归。婚后的王涛却开心不起来，因为刚开始时两人的感情就是不平等的，在婚后，王涛对李倩更是有求必应，两人每次吵架，最后都是以王涛赔礼道歉收场，时间一久，王涛感觉身心俱疲，每次回到家都沉默不语，生怕哪句话说错又惹怒了李倩，两人的婚姻亮起了红灯。

以上案例中，李倩凭借自身在感情中的优势不断让王涛做出让步和牺牲，是一种非常冒险的做法，爱情的天平过度倾斜，终有一天会出现难以弥补的裂痕，到时后悔已晚矣。既然当初选择了对方，就应珍惜这段感情和缘分，全心全意为对方着想，并做好付出的准备，而不是在感情中一味索取。

牺牲要适度，双赢才是目的

赠人玫瑰，手留余香。在爱情中，一个人愿意为另一个人放弃自己的利益，这样的精神难能可贵，但是有一点需要注意，不管你有多爱对方，一定要坚守自己的原则和底线，做出适度牺牲。一味地付出与让步，不仅会让自己倍感压力和疲惫，产生心理的不平衡和怨恨，

鼓励说幸福——阿依古丽幸福观

也容易让对方养成一味索取的习惯，发生问题时只会等你做出退让和牺牲。

王蓉是一位刚结婚1年的女性，她在婚后包容了丈夫一切生活习惯上的差异。丈夫习惯晚睡，她便陪他晚睡；丈夫无辣不欢，她便放弃清淡的口味；丈夫做家务马虎，她便包揽一切家务。她的丈夫李宏刚开始还对她的付出表示感激，到后面便把这一切看成理所应当，在其他方面也开始挑剔起来，王蓉觉得自己的付出却换来丈夫的变本加厉，心里很不是滋味，终于在一次争吵中爆发，最终以离婚收场。

爱情是两个人的事情，需要双方共同维系，在遇到问题时需要双方互相做出让步，共同朝着同一个目标前进。比如，对方为了和你在一起，选择在你的城市买房定居，那么在过年过节时，你应该主动提出一同去对方父母家中，这样会让对方父母觉得你是个通情达理和孝顺的好儿媳，你的伴侣也会对你心存感激。

有人或许会说："爱是无私的。"但是这句话是说为所爱的人牺牲不要求对方给你同等回报，而不是为心安理得地接受对方的好找理论支撑。好的爱情是双方能够互相付出、相濡以沫，在平淡的生活中互相成就、共同获得进步与发展，从而达到双赢，当你的付出有合适的界限时，你才会收获爱的甜蜜果实。

理解和尊重才是真正的爱

你真的理解他吗

相信大家都听过这么一句话：男人来自火星，女人来自金星。先天的思维差异决定了男人和女人看待事物的不同方式和角度，所以真正的爱情需要男女双方换位思考，理解对方的行为和思维模式，而不是站在自己的立场和角度去评价对方的行为。

首先，我们一起来了解一下男性与女性在思维方面的差异。男性是理性的，遇到问题多倾向于寻找问题出现的原因并积极寻求最佳解决办法，如果问题没有得到解决，他们会因为自己帮不上忙而感到内疚；女性是感性的，遇到问题多倾向于向对方倾诉，以寻求对方的支持、关心与安慰，问题是否得到解决则不是她们最关心的问题。另

鼓励说幸福——阿依古丽幸福观

外，大部分女性会觉得既然结为夫妻，两个人就要没有任何秘密，但男性会在妻子面前有所保留，因为他们觉得，在妻子尤其是孩子面前就应保持高大、坚强的形象，所以不管在外面吃多少苦、受多少罪，或者有多么无助，他们都会选择一个人默默承担。

赵燕和丈夫李杰结婚 7 年了，都说七年之痒，他们的感情不仅没有变淡，反而更加浓厚了。每每提及妻子，李杰的脸上都溢满了幸福，他总说，能遇到赵燕是他这辈子修来的福分。在他们结婚 3 年之际，由于经济不景气，李杰所在的公司举步维艰，开始大幅裁员，李杰也不幸被迫下岗，但他为了不让赵燕担心，每天仍然按时上下班，其实是去找工作。赵燕在与朋友的一次聊天中无意得知丈夫下岗的消息，但她并没有马上质问李杰，而是继续假装自己不知情，每次与李杰对视，眼里满是坚定与支持，就这样过了几个月，李杰终于找到了一份还算不错的工作，当李杰和她说出真相时，赵燕只是开心地说："趁你还没有上班，咱们一起来个短途旅行怎么样？"李杰听了非常感动，一下把赵燕揽入怀中。

婚姻是甜蜜的负担，在婚姻中，我们每个人都是负重前行，只有多一份理解，少一份埋怨，才能让爱情保鲜，享受婚姻的幸福与甜蜜。

尊重，是婚姻里最基础的爱

周国平曾说过："对亲近的人挑剔是本能，但克服本能，做到对

春风夏花，婚姻布满浓情蜜意

亲近的人不挑剔是种教养。"最好的教养，体现在对自己最爱的人的尊重。

尊重是婚姻里最基础也是最高级的爱，因为尊重爱人是亲密关系里彼此爱的体现，只有尊重，才能还原爱的本质。在我们周围，不乏有举案齐眉、相敬如宾的夫妻，有些人可能会觉得老夫老妻还这么客气实在是没有必要。但是，我们作为一个有尊严的人，都想得到别人的尊重和认可，关系越是亲近，就越会在意对方说的话，不是吗？因此，我们要学会尊重伴侣，懂得时刻维护对方的人格和尊严，以一种平等的姿态看待对方，做到不轻视、不压迫、不伤害，这样的婚姻状态才是健康的。

郭筱然和邓军是一对结婚3年多的夫妻，但生活的柴米油盐并没有让他们"相看两相厌"，两人的感情反而随着时间的推移变得越来越深厚，令旁人羡慕不已，问其原因，他们便会异口同声地说："因为尊重"。郭筱然和邓军彼此尊重对方的隐私，从来不会私下翻看对方的手机及个人信息。邓军爱好踢球和养花，郭筱然虽然对这些不感兴趣，但每次都会贴心地提醒邓军世界杯的开始时间，在邓军通宵看世界杯时，会选择和好友出去购物，并为邓军准备好宵夜。在邓军鼓捣绿植的时候，郭筱然会在一旁静静地看着，在必要的时候打个下手。郭筱然有一只眼睛先天性有点斜视，从他们认识那天起，邓军从未拿这点打趣，即使有时郭筱然自嘲，邓军也会一把将郭筱然抱在怀中，说不管别人怎么看，她始终是自己的女神。郭筱然和邓军的彼此尊重为他们的幸福婚姻提供了保障。

217

鼓励说幸福——阿依古丽幸福观

虽说我们生活在社会这个大的群体之中,但是我希望你能够明白,每个人都是这个世界上与众不同的独立的个体,在这个尘世间,尊重,对于我们来说都是那么的重要,我们在婚姻中更应该学会尊重,只有相互尊重,才能够更好地走下去。请从现在开始,停止对伴侣的挑剔和苛求,在伴侣为你递来一杯热水时,学会说一声谢谢;在伴侣与你就一件事情表达不同的观点时,要乐于接纳;当伴侣的爱好自己并不喜欢时,要懂得尊重。人生漫漫,夫妻双方只有互相尊重,才能在婚姻的路上越走越远。

接受他的平凡

接受他的平凡，是一种成熟

作为女孩，我们心中都有着一个白马王子的梦想，期待着在未来的某一天，自己的白马王子会驾着七彩祥云来迎接自己。我们心中的 Mr.right 聪明睿智、帅气多金、事业有成、体贴入微、深情专一，符合偶像电视剧男主的完美人设。

但是，电视剧终究是有很大程度的虚构成分，它呈现出来的拥有完美人设的男主只是我们希望看到的，而真实生活中几乎并不存在，即使存在，被我们遇到的概率也微乎其微。比如，电视剧中的男主多是既有钱又很闲，每天围着女主转，在女主需要的时候能够第一时间以光速出现在女主面前，还会花式逗女主开心。

鼓励说幸福——阿依古丽幸福观

我们虽然知道这只是电视剧,但其所传达的思想还是会对我们的爱情观、择偶观以及婚姻观产生潜移默化的影响,就好比我们虽然知道广告有故意夸大事实的嫌疑,在商场买东西时还是会潜意识地选择自己"耳熟能详"的商品。

于晓莉和张伟是一对结婚一年半的夫妻。最近,于晓莉迷上了一部偶像电视剧,剧中的男主帅气多金、深情专一,对外人很冷漠,唯独对女主超级温柔加贴心,会因为女主的一句话而买下整个餐厅,在遇到危险时宁愿自己受伤也要保护女主……于晓莉被男主的完美人设深深吸引,渴望浪漫爱情的她觉得这样的生活才有意义。想到自己的丈夫张伟,她不禁黯然失色,当初认识的时候父母对他都很满意,觉得他是个踏实上进的人,自己也并不反感,便嫁给了他。但婚后的生活平淡如水,张伟很少对她表达自己的爱意,每次过节也只是买一些她并不喜欢的东西走个过场,结婚才一年却已过成了老夫老妻,于晓莉在心中开始埋怨张伟的不懂浪漫。

在于晓莉身体不舒服的那几天,张伟每天下班回家都会先熬上一碗姜糖水,并督促于晓莉喝完,然后把手搓热给她揉肚子。感受着张伟温暖的手掌,于晓莉的心里也暖暖的,在这一刻,她突然意识到,这样平淡的生活也挺好。

电视终究是电视,生活终归为生活,我们要对电视剧中的浪漫情节和完美人设保持理性,将其与现实生活划清界限,只有这样,我们在现实生活中才能以一个成熟、理智的心态去面对爱情和婚姻。

春风夏花，婚姻布满浓情蜜意

接受他的平凡，是一种豁达

随着时代的发展，女性在婚姻家庭中的地位越来越高，在职场中也越来越出色。这些优越感让女性的自信与魅力由内而外地散发出来。然而在追求进步、接受鲜花与掌声的同时，有一部分人已经不能用原来的眼光看待自己的丈夫了。

在日常生活中，我们经常能听到这样的抱怨：

"你怎么这么没出息！"

"我当初真是瞎了眼才会看上他！"

"你看看人家，现在都开连锁公司了！你怎么这么不思进取！"

"人家老李的孩子都上贵族学校了！"

每个人都想拥有更好的生活，每个父母都想让自己的孩子受到更好的教育，这点无可厚非，但如果在婚姻里一味埋怨对方，一味拿对方和别人作比较，那么生活就只剩下无尽的争吵和阴影了。

大部分男性在成立家庭以后，都会尽心尽力地去维护家庭，并努力改善现有的家庭生活，可不管怎样努力，站在金字塔尖的人，毕竟只是极少数，大多数都是生活在金字塔中低层的男性。他们兢兢业业做着自己的本职工作，努力上进，野心不大，他们享受平凡、宁静的婚姻生活，认为有家有孩子，父母安康，已经是上天最好的恩赐。而妻子的抱怨就像带刺的玫瑰，伤害丈夫的自尊，影响夫妻间的感情，

221

鼓励说幸福——阿依古丽幸福观

甚至会破坏整个家庭的和谐。

其实，我们每个人都很平凡，既没有建功立业，也不会流芳百世，既然当初选择了对方，就少一点抱怨，多一点接纳，共同努力，经营好自己的小家庭。接受丈夫的平凡，也是接受自己的平凡，这个世界上不存在完美的爱人，真正美满幸福的婚姻是接受彼此平凡的模样。

学会沉默，停止唠叨

沉默是金

在这个喧嚣的时代，我们有太多发声的渠道，却忘记了沉默的力量，在婚姻中亦是如此。身为女性，我们的天性是分享和表达自己的情感态度，即使是一面之缘，我们也会急于给对方贴上评价性的标签。

当然，在婚姻中，我们也会对另一半的言行举止做出评价，表达自己的意见和看法，从出席晚会的衣着装扮到牙刷的摆放位置，从衣服的叠放整理到马桶盖是掀起还是放下，我们都会对另一半提出自己的建议和要求，如果对方没有照做，我们便会喋喋不休，说出那句："我都和你说过多少次了！牙刷的刷头不要朝下，你怎么就记

鼓励说幸福——阿依古丽幸福观

不住？！"在多数情况下，我们得到的答案只是对方不耐烦的一句："哦，我知道了，下次注意。"结果就有了无数的"下一次"。

作为女性，我们比男性更加注重生活的细节，对生活和健康常识也会了解得更多一些，我们的"唠叨"也是为了对方着想，但如果因为对方没有按照自己的意愿行事就"炮火大开"，只会让对方产生逆反心理，对你的"忠言"自动屏蔽，问题也得不到解决。这时，我们不妨尝试换一种策略和角度，尝试运用适时的沉默来应对，这样反而会引起对方的注意和思考。比如，当你发现对方回到家又把衣服和袜子随手扔在沙发上，你要用沉默来向对方表明你的不满，直到对方发现自己的"失误"并把衣服重新放好，当然，前提是你就同一件事情提醒对方三次以后。

有时，沉默比充满攻击性的喋喋不休更有效，在婚姻中我们要善于运用沉默，给对方以反思的时间和机会。

请停止唠叨，给对方以喘息的机会

当今社会瞬息万变，人们的生活节奏加快，压力也越来越大，很多男性在工作中忙于应对各种公务，回到家中最想做的就是好好放松，让自己疲惫的身心有一个可以停靠的港湾。

不幸的是，不少男人回到家中还需要面对妻子的家长里短，大概这就是为什么很多男性在下班后不是急于回家，而是选择在车里安静

春风夏花，婚姻布满浓情蜜意

地待一会儿的原因吧。

每天在吃饭的时候和另一半聊一聊一天当中发生的事情，也未尝不可，但如果对方正在看球赛、闭目养神或者鼓捣业余爱好，作为妻子，应该适时为对方留下一些私人空间，不要频繁地去打扰，而是把注意力放在自己身上，找点自己的事情去做，默默地陪伴也是一种幸福。

你的默默陪伴会让对方获得真正的放松，等他重新恢复精力，电力满满时，他一定会在心里感激你的理解与适时的沉默，从而更加努力地投入到工作中，为了你，为了你们的小家庭而努力奋斗。

赞美和鼓励不可少

获得赞美是每个人内心的渴望

马克·吐温曾经说过：一句赞美的话能当我十天的口粮。人们对赞美的渴望是最持久、最深层次的需要。

渴望获得赞美是人类的天性，在人际交往中，没有哪个人愿意每天被别人批评得体无完肤，发自内心的赞美会让对方产生自信与愉悦的感觉，并促使对方变得更好。

人无完人，每个人都有缺点和小毛病，在婚姻生活中，我们应善于发现对方的优点，并诚恳地赞美他。比如，他虽然工作表现平平，但十分顾家，也会主动帮忙分担家务；他虽然对别人比较抠门，但对妻子提出的要求都会尽力去满足；他虽然在生活中有些不修边幅，但

春风夏花，婚姻布满浓情蜜意

在工作中积极进取等。只要用心，我们都会在另一半身上发现一些被我们忽视的闪光点，既然当初选择了对方，为什么还要盯着对方的缺点不放呢？试着把重点转移到他的优点上来，并发自内心地赞美对方，你会发现，你们的婚姻因彼此的赞美而多了一丝幸福与甜蜜，感情也变得更加和谐。

李娟是一家服装公司的总经理，在职场上受人尊敬、办事果断利落，她的丈夫王强是一位普通的会计，收入不及李娟的四分之一，在外人眼里，他们是一对"女强男弱"的组合，甚至会觉得王强配不上李娟。但李娟不这么认为，她觉得王强为人踏实努力，工作认真上进，自己平时工作忙，王强便主动承担了很多家务，把一切都打理得井井有条，也能包容自己的坏脾气，只要有王强在身边，她就会觉得很踏实。每次出门，李娟都会当着众人的面夸赞自己的丈夫，说能遇到王强是自己的福气。每次听到妻子对自己的夸奖，王强便会不好意思地挠挠头，脸上却洋溢着幸福的微笑。

鼓励是一剂良药，可以激发人的潜力

无论在东方还是在西方，人们都把由衷的鼓励看作滋养人类心灵的甘泉。心理学研究证明，获得别人的肯定和鼓励是人类共同的心理需要。一个人的心理需要一旦得到满足，便会拥有积极上进的原动力。事实也是这样，一个人只要获得信心，心里一高兴、干劲一来，

鼓励说幸福——阿依古丽幸福观

就可以发挥出超乎平常的能力，激发出无限的潜力。

生活没有一帆风顺的，总是会出现各种困难，面临各种挑战，婚姻亦是如此。我们要学会在对方面对困难与挫折之时予以鼓励，帮助对方克服心理障碍，重树信心与勇气，与对方携手，共度难关。

董雪是一位结婚两年的职业女性，最近她因为工作表现突出而被提拔为经理，工作任务一时间变得繁忙起来，她需要利用业余时间学习管理学的知识以及新的业务，所以她希望这段时间由丈夫郑宇来负责做饭。郑宇也十分理解妻子的辛苦，从没下过厨的他试着为妻子做了几顿饭，但都以失败告终，他觉得自己根本就不是做饭的料，开始抵触做饭，也为自己帮不到妻子而倍感失落。一天中午，董雪邀请了几位好友到家中做客，说自己的丈夫烧得一手好菜，大家都要让他露一手，没办法，郑宇只好硬着头皮走进厨房，董雪也以帮忙为由进了厨房，董雪对郑宇说："我一直都觉得你有做饭的潜力，我们一起来做好这顿午餐，我相信你可以的！"看着董雪坚定的眼神，郑宇觉得自己又恢复了信心。就这样，两个人共同完成了十几道菜的制作，董雪的好友对菜的味道连连称赞，董雪只是笑着说："那当然喽！这都是我丈夫一个人的杰作，我只是打打下手而已。"董雪的鼓励让丈夫郑宇重拾信心，几个月后，他的厨艺取得了很大的进步。

春风夏花，婚姻布满浓情蜜意

鼓励语录

🌸 对自己和他人更深入的了解有助于我们选择适合的另一半。

🌸 爱情是婚姻的基础，婚姻是爱情的最好归宿。

🌸 承诺与责任、彼此信任、包容与接纳是婚姻长久的秘籍。

🌸 适度牺牲与付出是爱情与婚姻的真谛。

🌸 理解与尊重是婚姻中最基础的爱。

🌸 接受他的平凡，是一种成熟与豁达。

🌸 学会沉默，停止唠叨，给对方以喘息的机会。

🌸 学会赞美与鼓励，你会收获不一样的惊喜。

229

鼓励说幸福：阿依古丽幸福观

秋叶冬雪,婚姻依然温情四溢

婚姻是连接两个人、两个家庭之间的纽带,生活中难免有磕磕绊绊、吵吵闹闹,但只要两个人相互扶持、相互理解,一定会把婚姻生活经营得有声有色。经营婚姻生活需要一些方法和技巧,在遇到问题时,沟通十分重要,沟通的目的是解决问题,而不是相互争吵。婚姻生活需要夫妻双方共同维护,悉心呵护,只要付以真心,无论过去多少年,婚姻依然可以温情四溢。

鼓励说幸福：阿依古丽幸福观

关于出轨你所不知的秘密

随着网络以及电子产品的日益发达，人们的社交手段也越来越丰富，面对的诱惑也越来越多，在这种情况下，出轨就成了影响夫妻生活以及感情的主要问题之一。近年来，女性题材的电视剧受到人们的关注，比如之前大火的《三十而已》《白色月光》等，都把出轨这个问题血淋淋地摆在了每一对夫妻之间。人们都痛恨出轨，痛恨背叛，但是很少有人真正地了解出轨。关于出轨的那些不为人知的秘密，你都知道吗？你知道什么样的男人容易出轨吗？

虚荣心、攀比心强的男人比较容易出轨

很多男人去外面应酬时，身边必备一个"上得了台面"的女伴，

鼓励说幸福——阿依古丽幸福观

因为如果其他人都带了一个漂亮的女伴，而自己没有的话，那就会显得自己很没面子——这就是男人的虚荣心与攀比心。

受虚荣心和攀比心的影响，男人对于一些事情的独立思考能力是比较差的，很容易盲目从众。因此，如果一个男人身边有出轨的朋友或者相识者，并且这些人还经常拿此事在他的面前炫耀，那么这个男人出轨的概率就会大大增加。

对生活没有追求的男人比较容易出轨

假如让你做一个选择：一个是积极生活、努力工作，为了实现自己和家人的梦想而不懈奋斗、坚持打拼的男人，另一个是每天游手好闲、得过且过，对未来毫无规划，对生活毫无追求，没有自己的人生目标的男人，你觉得他们两个中间哪个人在婚姻中更容易出轨？

很显然，绝大部分人都会认为后者——对生活没有追求，没有生活目标的男人比较容易出轨。的确，那些有人生追求和目标的人，其生活的重心都在自己所追求、热爱的工作上，他们的生活是充实且幸福的。而那些没有生活追求的人，他们的内心是空虚的、无助的，他们不知道该如何去排解内心的恐惧与不安，于是很多人就会选择在出轨中寻求刺激，暂时逃避生活，逃避家庭赋予他们的责任。

秋叶冬雪，婚姻依然温情四溢

得不到妻子认可的男人比较容易出轨

很多男人看似坚强、无所畏惧，其实他们心里也会害怕，害怕自己不够好，害怕妻子对自己不满意。而如果长久得不到妻子的认可，男人的这种害怕便会翻倍，因为他们感受不到来自妻子的爱，更别提崇拜与尊重。如此一来，在期待得到自己妻子的认可无果后，他们可能就会寄希望于别的女人，这就导致了出轨行为的出现。

婚前对待爱情不严肃，
不把忠诚当作婚姻责任的男人比较容易出轨

我有一位朋友，她在怀孕期间，丈夫出轨了。被发现之后，丈夫却没有一丝愧疚之意，反而理直气壮。其实，在听她讲述他们婚前的恋爱故事时，我就发现了她丈夫可能会出轨的种种迹象。当初，他们在谈恋爱的时候，丈夫还和另一位姑娘保持着暧昧的关系。但是，面对朋友的质疑，还是男朋友的他竟然勃然大怒，不但没有做出合理的解释，反而指责朋友不应该乱翻自己的东西，更加可气的是，他对此

鼓励说幸福——阿依古丽幸福观

竟然不以为然,反而觉得这根本不算什么大事。这个故事就给广大的女性朋友提了一个醒,如果婚前发现自己的男朋友是对待爱情非常不严肃的人,那么就应该及时止损了。

对他的出轨进行狭隘的报复不可取

有很多女性在面对出轨的老公时，往往会陷入误区，她们有人会大吵大闹，失去理智，搅得家里不得安宁；有人甚至会采取一系列报复行为，造成难以弥补的伤害。出轨的男人不可原谅，但是妻子没有必要让这种伤害在自己的身上翻倍，让自己痛不欲生，所以说，对丈夫的出轨进行报复的行为是不可取的。

为了报复出轨的丈夫，让他也尝尝被出轨的滋味是不可取的

有很多女性在发现丈夫出轨之后，在伤心痛苦之余，出于报复心理，决定自己也找一个情人，开始一段婚外恋，这种做法是非常

鼓励说幸福——阿依古丽幸福观

不可取的。己所不欲，勿施于人。明知道被出轨、被心爱的人背叛的滋味不好受，却还要让自己曾深爱的人也承受这种痛苦，这不是在折磨对方，而是在折磨自己。

或许在进行以牙还牙的报复行动初期，女性会觉得心里有一丝痛快，会觉得这是丈夫"罪有应得"的。但是冷静过后，这种不计后果的冲动行为可能会给自己带来更大的心理负担，女性不仅要承受被丈夫背叛的痛苦，还要默默承受自己背叛丈夫的不安以及来自自己内心的道德上的谴责。

为了报复出轨的丈夫，将他的"劣迹"公之于众是不可取的

女性生来就是感性至上，遇到事情，尤其是让自己伤心痛苦的事情，往往容易失去理智，做出一些过激的行为，最终闹得很难收场。在发现丈夫的出轨行为之后，很多妻子往往会在气愤和悲痛情绪的驱使下，跑到丈夫的工作单位大吵大闹一番，将他的"劣迹"公之于众，这样的行为是非常不可取的。

你以为这样的行为只是让丈夫丢了脸，殊不知，这样的行为也让你失去了风度。常言道，家丑不可外扬，古人说这样的话不是没有道理的。把丈夫的出轨行为闹到人尽皆知，丈夫在单位抬不起头，还可能会让丈夫为此失去工作，失去他辛苦打拼得来的一切，也会

秋叶冬雪，婚姻依然温情四溢

让别人觉得你是一个不理智的人，非但不能解决问题，反而容易引出更多的问题。

面对出轨的丈夫，我们要向前看

面对生活，我们都要向前看，一味地沉溺于过去，会让我们看不到未来的希望，面对出轨的丈夫，也应该同样如此。问题已经发生了，一直揪着事情不放并不能真正地解决问题，反而会让两个人之间的关系越来越僵，最后走到无法挽回的一步。

面对丈夫的出轨，首先要明确自己的态度，是可以选择原谅还是坚决不能容忍。如果可以选择原谅，那么就可以试着给丈夫一次改过自新的机会，给你们的家庭一次重新开始的机会。如果你觉得出轨这件事是坚决不能容忍的，那么就要当断则断，理智地处理好这件事情，大家好聚好散岂不是更好，没有必要闹得和仇人一样。日子是过给自己的，大家都要向前看，向未来出发。

交流，是夫妻关系的调和剂

美国著名作家海明威曾经说过："每一个人都需要有人和他开诚布公地谈心。一个人尽管可以十分英勇，但他可能十分孤独。"人生在世，交流和沟通是维持人际关系的基础，普通朋友尚且需要时不时联系，交流感情，以免变得生疏，更别说是夫妻之间了。

很多夫妻都会遇到这样的问题——结婚久了之后，两个人就会变得无话可说，沟通也变得困难许多。明明曾经是两个无话不说、心灵相通的人，为什么随着时间的流逝，就会变成了熟悉的陌生人呢？

德怀特·斯莫说："婚姻的核心是交流。"幸福的婚姻生活在于两个人之间的心照不宣以及无话不说。夫妻之间的共同生活会建立起一种只属于夫妻两个人的交流机制，有时可能不需要过多的语言，只需要一个眼神、一个神情，对方就知道你在想什么，你想要什么，这样的夫妻关系怎能不令人羡慕呢？

交流，是维护夫妻关系、建立温馨家庭环境的基础。一位婚姻咨询师说过，很多前来咨询的夫妻在描述他们婚姻中遇到的问题时，都透露着一个共同且微妙的信息，那就是他们夫妻之间都在有意无意地疏远和回避对方。随着时间的推移，夫妻之间不再喜欢沟通和交流，取而代之的就是沉默和回避，或者让孩子夹在中间，做夫妻之间的传话者，这样的夫妻关系是极为不健康的。

随着时间的流逝，夫妻之间越是回避对方，就越会制造出不幸的婚姻。即使是争吵也好过沉默，因为争吵的过程中，夫妻双方能够感受到对方的情绪，能够在争吵中解决问题，争吵也是一种交流，而沉默只会让两个人渐行渐远，直到有一天，变成两个陌路人。

交流固然重要，但是没有技巧的交流，也是很可怕的。夫妻之间在交流时，要看到对方和自己的不同。我们生活在这个时代的洪流中，夫妻双方的原生家庭环境和成长条件都是不同的，这种不同决定了彼此之间会存在一定的矛盾和冲突。就像交际舞一样，每个人在跳舞时都会遵循着自己的节奏，这时就难免会踩到和自己节奏不同的舞伴的脚。此时，为了不踩到对方的脚，两个人就要同时调整到彼此都适应的节奏。同样的道理，夫妻之间在交流时，应该有意识地理解对方和自己的不同，多多站到对方的角度考虑一下，推己及人，换位思考，这样的交流才是高效的。

婚姻里没有谁对谁错

两个人在宣布誓言、交换戒指的那一刻就成了命运共同体，从此夫妇一体，共同生活，而这婚姻生活里，是没有谁对谁错的。无论是丈夫还是妻子，都要懂得经营婚姻生活，要懂得合理沟通，这样才能最大限度地减少矛盾。

遇到事情的时候，不要抱怨，不要一味地去追究谁对谁错，因为这种没有意义的争论是最伤害感情的，到最后，往往是争赢了对错，却输掉了感情。遇到问题，需要的是解决问题，而不是争论对错，因为夫妻之间本就是休戚与共，一荣俱荣，一损俱损，争得面红耳赤，最后不但没有解决问题，反而伤了感情，这样又有什么意义呢？

世界上没有一对夫妻不吵架，吵架很正常，但是吵架不要计较对错，不要分辨输赢，吵过之后也要懂得妥协。吵架时，不要逞一时的口舌之快，说难听的话让对方伤心；不要往对方的伤口上撒盐，专门

秋叶冬雪，婚姻依然温情四溢

提及让对方伤心的事。破镜难以重圆，覆水难收，每一次争吵以及互相伤害，都会变成对方心上一道抹不去的伤痕，久而久之，一次又一次的伤害，就会慢慢地积压在对方的心里，直到最后，犹如火山喷发一般，造成不可逆转的伤害。

一位婚姻治疗师曾经接待过这样一对夫妻。他们在生活当中常常会因为一点小事就争吵起来，这些小事可能是保姆的安排情况，可能是打扫房子的方式，总之，生活中这些鸡毛蒜皮的小事都可能会成为这对夫妻之间矛盾爆发的原因。

妻子说："他总是觉得我无理取闹。"这句话是不是很熟悉？看到这里，我相信很多人都在这对夫妻身上看到了自己的影子。丈夫觉得妻子无理取闹，妻子觉得丈夫不理解自己。原本应该站在同一战线的两个人，却往往会变成对峙的两个人。无论是父母的赡养问题，孩子的教育问题，还是生活中的一些柴米油盐的小事，只要意见不统一，都会造成夫妻双方对彼此的怨恨，随着时间的流逝，每一次的怨恨积攒到一起，就会成为夫妻双方分道扬镳的罪魁祸首。

婚姻的秘诀在于相互理解，相互体谅。夫妻之间对错不重要，解决问题才重要。婚姻不是一道简单的是非题，非黑即白，婚姻是一道复杂的主观题，最后交一张怎样的答卷，完全在于两个人的相互配合与支持。切记，遇到问题，不要争辩是非对错，因为婚姻中没有谁对谁错。

243

两个人的问题需要两个人来解决

婚姻是两个人的事情，两个人之间发生问题，就需要两个人来解决，让别人介入夫妻之间的事情，是一种很不明智的做法。无论是出轨、争吵还是其他的矛盾，两个人坐下来心平气和地沟通商量，才是解决问题的关键。

如果夫妻之间出现问题，很可能是这段夫妻关系的本身就存在问题。这些问题可能婚前就存在了，可能是婚后才爆发的。通常，夫妻之间最突出的问题就是第三者的问题，夫妻之间的关系出现问题，最先想到的也是出轨，似乎与出轨比起来，其他的问题都是小问题，都是可以解决的问题。有了第三者的出现，不管这段关系是否破灭，那这段关系也会有污点，也许有一方始终不会真正地释怀。

所以，我们理所当然地认为彼此关系的破裂是因为第三者的存在，要是没有第三者，彼此都会好好的。

但是，事实真的是这样吗？

其实，这只不过是夫妻双方逃避问题的一种借口罢了，出现问题，两个人应该最先从自身寻找问题，第三者只是夫妻双方关系破灭的导火索罢了，如果夫妻关系足够稳定，两人之间足够相爱，相信第三者也是没有空隙可以钻的，对夫妻的感情是没有任何动摇的。

之所以能够动摇两个人，只是因为对这段感情不坚定，这是两人之间的问题，与第三者无关，就算没有第三者，相信也有其他事或人能够动摇这份感情。

所以，两个人之间的问题只能由两个人来解决。

找对方法，重建幸福

婚姻和家庭是人一生中十分重要的组成部分，幸福的家庭能够使人心情舒畅，身心舒坦，那些沉浸在婚姻幸福里面的人，总是能让人羡慕不已，但是不幸福的家庭犹如一颗不定时炸弹，把人折磨得身心俱疲，不知何时就会爆发灾难。

人人都想追求幸福，但是追求幸福的道路并不是一帆风顺的，幸福的婚姻生活需要夫妻双方共同努力，一起经营。但是，经营幸福和谐的婚姻生活也是需要一些方法和技巧的，用对方法，才能创造幸福的婚姻生活。

作为伴侣，不要尝试改变对方

每个人都有其独特的个性与特点，这也是每个人之间最大的不

秋叶冬雪，婚姻依然温情四溢

同。夫妻之间亦是如此，夫妻双方都有自己的独特性格以及为人处世的方式方法，不要尝试去改变对方，婚姻里很重要的一个秘诀就是尊重对方的个性，相互迁就。

我国著名的作家和翻译家杨绛先生在《我们仨》中写道："我爱整洁，阿媛常和爸爸结成一帮，暗暗反对妈妈的整洁。例如我搭毛巾，边对边，角对角，齐齐整整。他们两个认为费事，随便一搭更方便。不过我们都很妥协，他们把毛巾随手一搭，我就重新搭搭整齐。我不严格要求，他们也不公然反抗。"

在我看来，杨绛先生就深谙经营婚姻之道，她不去刻意地改变先生和孩子的习惯，反而相互迁就，这样的家庭生活自然是幸福的。

婚姻生活的经营需要适当的方法，改变对方绝对不是一个上策。夫妻之间是可以相互影响的，你可以在日常生活中先把自己融入对方的习惯当中，再潜移默化地影响对方，这样既不会造成矛盾，还能让夫妻之间的关系越来越融洽与和谐。

作为伴侣，不要盲目地批评对方

和谐的婚姻生活靠的是感情与理解，而不是相互批评埋怨。人非圣贤，孰能无过，人犯错误是很正常的一件事。在生活中难免有磕磕绊绊，出现问题，要相互商量，积极解决，而不是盲目批评。

心理学上有一个专有名词叫作"错误定律"，指的就是人们总是

 鼓励说幸福——阿依古丽幸福观

对陌生人非常的客气，对于亲密的人却总是太苛刻，这是我们日常生活中所犯的最大的错误。是的，仔细想一想，我们很多人好像都是这样，对于不熟悉的人总是笑脸相迎，有足够的耐心；但是对于自己最亲密的人，反而吹毛求疵，总是批评和苛责。究其原因，可能是我们对伴侣的要求太高了，也可能是内心的控制欲在作祟，一旦对方达不到自己预期或者想要的结果，就会恶语相加。

生活中，有很多夫妻都是这样，事情做得好，他/她认为这是理所应当的，从来不会给予一句表扬；事情做得不好，他/她毫不留情地批评，有时还可能就是劈头盖脸一顿咒骂。其实，偶尔的批评不可怕，可怕的是习惯性的差评，因为很多失败的婚姻，归根究底，都是源于差评师的频繁出现。

伴侣不是小学生，批评不能解决问题，反而会伤害夫妻感情，得不偿失。夫妻双方如果想要经营好这段婚姻，就不能总是批评和抱怨对方，好的伴侣，绝对不是差评师。

作为伴侣，要由衷地赞美对方

曾经有一次到朋友家去做客，朋友的丈夫十分热情好客，做了满满一大子桌菜来招待我们，但是在饭桌上朋友一直在埋怨丈夫这个做得不好吃，那个做得火候不够，丈夫顿时觉得丢了面子，十分下不来台，之后夫妻二人大吵一架，而这件事也成为之后他们之间很多次吵

秋叶冬雪，婚姻依然温情四溢

架的导火索。

喜欢赞美是人的天性和本能，俗话说，听话的好孩子都是夸出来的，好的伴侣也是夸出来的。赞美和认可伴侣，是对伴侣最好的帮助。做妻子，切记不要过分地挑剔丈夫的缺点，也不要把丈夫和周围的人进行比较，因为每个人都有每个人的长处，多想想当初你决定选择和这个人共度余生的原因。

一个智慧和聪明的妻子，一定会懂得发现丈夫的优点，并加以鼓励和赞美。没有一个丈夫不喜欢听妻子的赞美，可能只是简单的一句"你真棒"，就能成为让丈夫更加自信、更加努力的动力。桥牌天才卡帕森先生曾经说过："在我对自己产生了深深的怀疑的时候，是妻子的鼓励与赞美让我有了信心，而一路坚持了下来。"最终，他成为一个著名的桥牌手。

所以，作为妻子，要让丈夫感受到你由衷的赞美和认可，这样他才会更加愿意为你和这个家庭付出，而这也会帮助他成为一个更好的人，帮助你们的家变成一个更加和谐美满的家庭。

鼓励说幸福——阿依古丽幸福观

鼓励语录

🌸 婚姻的核心是交流。

🌸 婚姻都会"跑神",但主要是看你会不会付诸行动,有没有自制。

🌸 恋爱是美丽的,婚姻却是神圣的。

🌸 在婚姻中,最具毁灭性的问题在于缺乏沟通。

🌸 没有冲突的婚姻,和没有危机的国家一样,令人难以想象。

参考文献

[1] 蔡少惠.像林徽因一样优雅,像张爱玲一样强大[M].哈尔滨:哈尔滨出版社,2017.

[2] 陈素娟.幸福婚姻心理学 婚姻是一场修行[M].武汉:华中科技大学出版社,2018.

[3] 陈武民.家庭教育常见问题解答[M].北京:中国财富出版社,2017.

[4] 朵拉陈.走出原生家庭创伤[M].北京:机械工业出版社,2018.

[5] 高菲.夫妻如何成为一辈子的情人[M].北京:新世界出版社,2011.

[6] 哈爸,哼妈.好婚姻,就是一次又一次爱上对方[M].天津:天

津人民出版社，2017．

[7] 海蓝博士．不完美，才美［M］．北京：北京联合出版公司，2019．

[8] 洪应明．菜根谭［M］．南昌：江西人民出版社，2017．

[9] ［美］霍妮．婚姻心理学：婚姻是最好的修行［M］．徐淑贞译．北京：中国华侨出版社，2013．

[10] 姜雯漪．在时光中盛开的女子·林徽因传［M］．北京：中国华侨出版社，2018．

[11] ［美］卡耐基．做灵魂有香气的女人［M］．张佳佳译．北京：同心出版社，2015．

[12] 乐子丫头．婚姻心理学［M］．南京：江苏凤凰科学技术出版社，2018．

[13] 李群峰．儿童性格心理学［M］．苏州：古吴轩出版社，2017．

[14] 刘昭．原生家庭［M］．北京：文化发展出版社，2020．

[15] 乔瑞玲．董卿：做一个有才情的女子［M］．南昌：百花洲文艺出版社，2018．

[16] 秦瑶．在婚姻中成长［M］．北京：中国商业出版社，2019．

[17] ［法］塞西尔·大卫-威尔．超越原生家庭的养育［M］．王秀慧译．北京：北京科学技术出版社，2019．

[18] 施阳，陈建林．拒绝家庭暴力　创建和谐家庭［M］．北京：企业管理出版社，2016．

[19] ［德］斯蒂芬妮·斯蒂尔．突围原生家庭：如何在过去的伤痛中重建自我［M］．胡静译．北京：北京联合出版公司，2019．

和母亲保持沟通，令我受益终身

我喜欢海洋，因为总觉得它就像我的母亲一样，宽广而包容，愿意倾听我的声音，用博大胸襟滋养着我，哺育着我。

在我小的时候，和母亲聚少离多，因此凡是有她陪伴的日子，我都会格外珍惜。

记忆里，母亲的声音总是很温柔，不疾不徐，将她平生遇到的好事、坏事、大事、小事尽数讲给年幼的我听，耐心地陪我玩过家家游戏，有时甚至玩得比我自己还认真。她从那时起就愿意把我当成一个与她地位平等的"小大人"，不厌其烦地为我对这个世界的好奇答疑解惑，温柔地守护着我的"童心"，又以身作则地教我学会家人间的相互尊重、相互认可。母亲这种与我沟通的方式让我感到新鲜，同时和我对她长期的思念相混合、发酵，使我幼小的心灵里对她的爱和

鼓励说幸福——阿依古丽幸福观

崇敬不断升华。如此,她讲的道理,教的生活技能,我都牢牢铭记心间,从不觉得厌烦。

但是,孩子还是孩子,就算在母亲的引导下略成熟于同龄人,还是难以抵挡对母亲的想念。如今时常羡慕现在的小孩子,通信手段如此便捷,如果那时我也有能常和母亲联络的手机,也许当时的我内心会好受很多,也会在聆听母亲寄语后成长得更快。父亲常拿当时的一件事打趣我:某一次母亲又要离开我身边到遥远的大都市工作,我没有像别的孩子一样哭闹,缠着母亲不让她走。我知道母亲眼下的离别也都是为了我日后更好的发展,所以我作为一个懂事的"小大人",强忍住了不舍。可是,我没忍住留恋,只能在刚刚失去她身影的车站里久久站立。"爸爸,我们再坐一会儿吧。"这是母亲走后,我说的第一句话。等后来再长大了,我才知道母亲内心唯一的遗憾,就是在我小的时候陪伴我的日子不够多。于是在我上小学后终于能每天与母亲团聚时,我们加倍地弥补了这份遗憾。其实说实话,我很感激这份两个人心中都有的憾意,它让我们在未来的日子里格外珍视每一次相处与沟通。

其实对于母亲工作忙的理解,不是因为我有多么自觉,多么懂事。凡事都有因果,这些理解都是她用自己的爱,身体力行地告诉我的。母亲不是一般"女强人"的类型,她面对家庭时一向是柔情似水,温暖相待的。她不会把工作中的负面情绪带回家,但也不会掩藏自己的疲惫与辛劳。她会把我视为家庭成员很重要的组成部分,让我从一些小的方面为这个家分担压力,比如做早饭,打扫卫生,自己的

254

和母亲保持沟通，令我受益终身

事情自己做。通过这些小的劳作，我隐隐地窥见了父母的社会压力，开始自觉地为他们做更多力所能及的事情。母亲让我明白，孩子也要多干家务活，不是因为家境窘迫，不是因为父母不心疼孩子，而是为了让孩子从小就明白生活的不易和赚钱的艰辛，为了让孩子从劳作中提高动手和自理能力。到今天，我也会在工作繁忙之余抽空整理房间，做做家务，多尝试几道新的菜式，多增添几分生活的温馨。因为劳动可以提神醒脑，也因为这是母亲教会我的生活态度。

从小到大，"上进心"这三个字在我心中都有一个具象的形象，那就是我的母亲。我习惯了凝视着她的背影，那个永远孜孜不倦、奋斗拼搏的背影，然后默默地心疼着她，默默地以她为榜样。受身体原因影响，她从事过不同的行业，并且是跨度很大的行业。一直以来，我们闲聊时常常包含她对自己未来的规划，她会把规划告诉我，然后与我商量，认真地听我为她出谋划策。我会不自觉地站在她的立场上为她考虑，精心筹划着我们共同的未来。这是沟通，也是学习。大人遥不可及的世界仿佛提早地出现在我的视野里，让我也从很早开始策划着自己未来的发展，从而早做准备。所以，无论是从自己主动要报辅导班，还是认真为自己理想的大学备考，以及本科后直升读研，都是我提前想好，再向母亲提出，获得她的鼓励和建议后着手努力的，父母从未强硬地逼迫我做这些。而且每当我犹豫踌躇、心怀沮丧的时候，都是母亲的声音让我沉稳下来，重拾上进的力量和前进的方向。我在学业和事业上收获的成功果实，与她的支持和陪伴密不可分。

母亲一直说"父母是孩子最好的老师"，这不是一句空话，是她

255

鼓励说幸福——阿依古丽幸福观

持之以恒坚持践行的一句话。在另一个很重要的方面——婚姻和家庭上，母亲一直很努力为我树立最好的榜样，像我的姥爷和姥姥为她树立的那样。从她的感情经历，以及本人二十多年的阅历中，我已经学会了很多。因为就像之前说的，她会把自己做的不好和不对的地方也毫无保留地告诉我，希望她的下一代能够避免她曾有过的差错。从小她就教育我，应该寻找一个适合自己的另一半，一个志同道合、貌合神近的另一半，包括希望对方大概有一个怎样的家庭环境，她都会详尽地告诉我。她说过太多遍，可我从来不觉得厌烦，我是她最珍贵的女儿，她在意我的这件人生大事也在情理之中。不过我想告诉母亲：人无完人，你已经做得够好了！我的母亲，不要太苛责自己。人生中所有好的坏的，终将变成独一无二的精神财富。我会在人生大事上很慎重，很认真，努力寻求一个志同道合、貌合神近的另一半，从此安稳共度余生，请您放心。

几乎我所有的朋友都羡慕我有这样一位母亲，我相信和我同龄的读者看了这本书后，也会羡慕我有这么一位母亲。我对此也永持骄傲之心。因为没有什么比父母给予孩子应有的理解和尊重，更令一个孩子感到幸福的了！（我这里说的不代表盲目的溺爱和纵容。）父母和孩子，在相处模式上应该与所有家庭成员之间都是一样的，互相支持所有理性的独立自主，凡事有商有量，同时给彼此都留有私密的空间和平等的尊重。母亲从没有翻看过我的日记和手机，没有偷看过别人给我写的情信或是其他，没有任何对我的跟踪和调查。因为她知道，如果我有自己解决不了的事情，一定会告诉她。假如真的有事情不想告

和母亲保持沟通，令我受益终身

诉她，那可能是没有必要，或者时机不到。她对我的信任和期待，也让我从来不愿意辜负。

母亲常常对我说的一句告别语或是祝福语就是："希望我的女儿每天开开心心、健健康康的！"这句话从来不是她的敷衍，而是她内心最诚挚的祝愿。只要我觉得什么事会令我真的开心，她就会劝我去做；什么事哪怕很好但令我不开心，她就希望我不去做。这时候的她，有着非常小女人的"任性"一面。"可怜天下父母心"，她也是一个不希望子女吃苦受累的平凡母亲，哪怕她知道生存之道确实如此，可还是想凭借自己的本事为我遮风挡雨，让我免去很多磨难。但是母亲啊，我已经成长到足够自己在社会上立足的年纪了，您多年的教导以及与我的沟通，早就成为我宝贵珍藏又赖以为生的人生指南了。作为您的女儿，我也希望未来无论您还要做什么，还要飞向哪片更高更远的天空，我永远会像您一直以来对我做的那样，在背后默默支持您、鼓励您。只希望您也能每天开开心心、健健康康的，继续陪伴着我，一起享受我们的美好人生！

永远爱您的女儿
2020 年 10 月

后记

对于女性来说，幸福其实很简单，然而大多数女性追求幸福的历程却是艰辛的，这也是我写这本书的原因——希望能帮助更多的女性树立正确的幸福观，为她们指明追求幸福的方向。

一直以来，在婚姻中我最欣赏的人有两种，一种是在年少时陪着丈夫过苦日子的女人，一种则是在年长时陪着结发妻子过好日子的男人，纵观古今，前者比比皆是，后者却廖廖无几。虽历经艰辛，我们依然恩爱，我和我的先生也属于了这两种人，我也因此得到了属于我的幸福。

我在这本书中用了很多笔墨去讲述原生家庭对我们的成长历程甚至成年之后的婚姻与家庭的影响，因为我对这一点深有感触，在写作的过程中，我也不止一次地回忆起我自己的婚姻与家庭。我的先生非常地爱我，但在与我结婚之初，也不太懂得如何去做一个关爱妻子的好丈夫。他有一些不好的生活习惯，一开始我并不能理解，但当我慢慢通过他了解了他的家庭、他的成长环境，才深知他的不易。带着原生家庭给他留下的伤疤，在不知不觉中模仿起原生家庭成员的生活及行为模式。在后来的生活中，我开始学会慢慢引导他摒弃原生家庭对他留下的不好的影响，用爱与鼓励帮助他治愈原生家庭带给他的创伤，重塑新的自我。现在，先生在不断进取中成熟，医术精湛，自信满满！去年武汉封城初期，主动申请单独去抗疫六十多天，最好的诠释了"担当"二字，也完成了人生的一次升华。

其实，人生就像是一场修行，我们要不断修正自己不良的言行与习惯，让自己身上多一些阳光的、正能量的东西，超越原生家庭给我们留下的不好的影响，治愈心灵上的创伤，重写我们的成长故事。

同时我们也要知道，治愈原生家庭给我们带来的创伤，不仅仅是为了我们自己能够得到幸福，也是为了我们的下一代子女能够健康幸福地成长，如果我们在一开始就能以良好的言行举止去引导孩子，那么孩子的未来才会更加绚丽多彩，而我们的家庭也会变得更加幸福与美满。

源于对孩子的爱，怀孕时我独创了一套简单易操作的胎教方法，出生后孩子非常好带。延续胎教时爱的互动，让教育孩子成为了一件幸福又简单的事。所以说，教育其实是前人栽树后人乘凉，而不是去解决上一代没有完成的"问题"。如果每一代人都去完成本该属于自己的教育义务，那么每一代人也都能多一点进步，多一些愉快和幸福，而不是让孩子成为你教育的受害者。这也是我写这本书的初衷！

希望轻松就能完成教育成长的方法就像一粒粒种子一样播撒进更多女性的心田；也愿所有的孩子们，在父母爱的滋养下，未来都会成长为一颗颗参天大树，继而成为各个领域的有用之材！也期待更多的父母善待孩子（不是宠溺），多对孩子以温和的引导，未来你的孩子才会更好地去教好下一代。也就是说，你如何对待你的孩子，未来你的孩子就将如何对待这个世界！

  幸福说来简单，要得到却也很难，需要我们勇敢地面对自己内心的伤口，终结原生家庭之伤，在此基础上我们才能重塑健康人格，经营好自己的婚姻与爱情，成就更好的自己，获得我们想要追寻的幸福。

作者
2020 年 11 月